千變萬化的

蒸焗爐料理

增訂版

研出版

序

分享愛

今天，這本《千變萬化的蒸焗爐料理》食譜已修訂為增訂版了，而 Facebook 群組「惠而浦蒸焗爐 x 毒梟吹水區」也已有兩萬多人，一切來得不易。

要令一個群組持續人氣高企，最基本就是互動；作為谷主的我們，盡量抽時間出帖子，跟谷友們聊天、鼓勵、解答，這正正是人與人之間最基本的連繫。谷友們在群組分享菜式之餘，其實亦在分享愛，無私奉獻，讓大家互相學習，用心將愛融入菜式之中，帶給家人色香味俱全的菜式。

期望我們群組與這食譜繼續共同成長，繼續連繫著大家，發揚互愛共享的精神。

Joanne Pang

承傳愛

六年前，惠而浦蒸焗爐谷（註：谷即 Group，指 Facebook 群組）的成立，就本著 Happy Cooking、Happy Sharing 的宗旨，所以谷友們一直都分享著精彩的食譜。有谷友一家兩口子，每天分享小家庭的晚餐；有小朋友的媽媽，分享他們的甜品美食，大家都在谷中感受到他們從美食中對家人的愛。

而我自己，自從有了小孩，縱使生活中多忙碌，有空時，也想藉食物，令小孩從箇中香氣和味道，感受到家庭溫暖，製造「媽媽味道」的回憶，希望他長大時，也會承傳媽媽的味道，了解媽媽的愛。

一部合用的蒸焗爐，令煮食更方便，而由第一代 MAX-209S 蒸焗爐到現在，惠而浦就一直了解我們的需要，不斷完善蒸焗爐的功能，個人非常欣賞，亦感謝他們的用心，不單是功能方便，Facebook 專頁亦一直提供指導和分享不同的食譜。感恩。

Elvina Li

告別 A0

不經不覺，距離出版上一本食譜書，不經不覺已事隔四年。各位谷友可能已經歷了不少轉變，踏入人生另一階段。

面對百年一遇的世紀疫症，社會上出現很多負能量，在這紛亂時勢成功出版這書（2020 年 12 月），來之不易。慶幸地，惠惠（註：惠惠是谷友們為惠而浦蒸焗爐起的暱稱）也與你們一直同路，希望透過煮食為大家帶來更多歡樂。看著你們將成品在社交媒體上無私分享，惠惠慶幸能從你們的相片和文字當中，感受到你們強烈的滿足感。

隨著新產品 4S mini 面世，我們為這本《千變萬化的蒸焗爐料理》加入最新內容，蒐集更多由「惠而浦蒸焗爐 X 毒梟吹水區」谷友們創作的人氣食譜。

更感恩的，是多得大家的意見，不論是好是壞，都讓我們茁壯成長、日趨成熟，開發出更纖巧實用的 4S mini，相信它會伴隨著大家一起生活，現在就齊來脱離 A0 狀態，加入惠惠行列吧！

惠而浦（香港）有限公司

目錄

Contents

序章

蒸焗爐活用篇

Part 1
開胃小食篇

Part 2
有營包點篇

Part 3
巧手小菜篇

Part 4
惹味飯麵篇

Part 5
精緻甜品篇

序章
蒸焗爐活用篇

蒸焗爐的優勝之處！

已經擁有蒸焗爐的你，一定早已享用過它的各種便利功能。還在心大心細、未下定主意？就讓這裡告訴你，到底蒸焗爐有甚麼「必敗」的理由吧！

A 節省空間

喜歡煮食的讀者，一定會苦於廚房根本擠不下所有想要的煮食器材！看到電視裡的大廚房、出租活動室裡寫意的煮食空間，一台台放得整齊雅致的焗爐、蒸爐 ...... 無奈家中空間有限，挑一就不能挑二。惠而浦蒸焗爐的優點，就是將純蒸爐與焗爐二合為一，省成本省空間，一物二用。惠而浦更備有 32 公升的 4S 及 25 公升的 4S mini 以供選擇，讓不同大小的家庭都能按需要選擇適合的款式。

B 真正零微波，健康少油

越來越多用戶開始避免使用微波爐，並改為選擇更健康的純蒸模式。中國人向來愛用蒸煮方式煮食，惠而浦蒸焗爐的全部模式也不包含微波，令你及你的家人可以健康地煮食。純蒸溫度高達 110℃，比一般蒸煮方法更有效封存肉汁及營養，既可保存食物鮮味，更可配合少油少鹽特色，由飲食著手體現健康生活。

C 不止蒸焗！還有更豐富的烹調模式

除了純蒸氣及純焗外，惠而浦蒸焗爐還能延伸出其他煮食模式與烹調輔助功能，如混合蒸氣與烤焗的全功能蒸焗模式、上下燒烤、發酵、麵包翻熱、肉類慢煮、蔬果風乾、解凍及消毒等，煮食自然更多變化！用戶可選擇更健康的烹調方式，輕鬆地在家煮出專業廚師級的菜式！

D 三層煮食，升級容量更省時

無論是 4S 還是 4S mini，兩款惠而浦蒸焗爐均特設容量大的爐腔，能同時以三層煮食，縮減多道菜式的煮食時間；集中處理，使用的爐具數目也能減少，這樣就連清潔的時間也省下來了。相對明火煮食，惠而浦蒸焗爐可以精準地調校所需溫度和時間，更易於處理食物。此外，無間斷的全蒸氣烹調功能讓用家毋須睇火。

Section 2 常用烹調模式一次學懂

惠而浦蒸焗爐，集結了焗、烘、烤、蒸、燜、燉、發酵、解凍等多種功能於一身，一機多用，想要快速掌握最常用烹調模式？就讓我們告訴你吧。

A 蒸氣模式

蒸煮能有效地保持食材鮮味、營養和色澤。但傳統蒸鑊並非密封空間，蒸氣容易洩漏，溫度也難以控制；惠而浦蒸焗爐可自由調校溫度至 50℃ 至 110℃，讓你自由發揮，以最佳溫度煮製海鮮及蔬菜。加上採用噴注式蒸氣設計，減少「倒汗水」形成，令煮食表現更均勻理想。另外，特有的 110℃ 蒸煮火力，可縮短烹調時間，更快捷地煮出有益好味道。

B 燒烤：上下火獨立控制

惠而浦蒸焗爐的燒烤模式，能獨立處理上下火候，用家可按需要啟用「頂部燒烤」、「底部燒烤」或「上下燒烤」等多種模式。對於追求更專業烹調效果的用家，食材在不同時段、調節針對上下方的溫度受熱，實在是不可多得的功能。

- 頂部燒烤

適合燒烤食材及加強表面金黃的效果。
如欲將肉類、焗飯、意粉或麵包的表面色澤加強，可在烹調過程的最後階段轉用此功能。

- 底部燒烤

適合上、下面各需不同時段受熱的菜式。
用於加熱底部，或底部需要脆邊效果之食物，如馬卡龍、脆批等食物。

- 上下燒烤

熱力從上方及底部以相同的溫度均勻地散發出來，適合傳統的單層烘焙與烘烤。適用於烹調肉類、魚類等食物，亦適合用於頂部有濕配料的蛋糕烘製。

C 熱風對流烤焗模式

並非每一部蒸焗爐均設有完善的烤焗功能，像惠而浦蒸焗爐就配有「360 度熱風對流＋上下底火」，火力均勻，令食物色澤金黃，不論是烤焗肉類或各式甜品也一樣出色。另外，可依照食譜需要，單獨使用熱風製作不同款式的食譜，令煮食更有彈性。

D 加強熱風對流模式

「加強熱風對流」模式，適用於烹調體型較大的肉類或用於多層烤焗。透過加強後發熱管，烹調效果更透徹均勻，製作時間與烘焗效果也更易掌握。

E 專業廚師的全功能蒸焗模式

傳統的蒸焗模式多是專業廚師才能用到，現在透過惠而浦蒸焗爐也能辦到了！「全功能蒸焗」模式會在烤焗過程中加入蒸氣，這樣不單可有效鎖住食物肉汁，更能輕鬆做出外脆內軟的效果，入廚新手也能煮出專業水準的美食。

F 3 小時無間斷燜燉模式

辛勞工作過後，喜歡燉湯來滋補養生？若喜歡燜燉，惠而浦蒸焗爐內置的 1.1 公升特大容量水箱，能連續以 100℃ 蒸煮達 3 個小時亦無需加水，解決需要按時加水的煩惱，簡單又方便；時間更可因應需要調至最長 6 小時 59 分鐘，讓你的燉湯火候十足。同時，水箱更採用密閉加熱方式，水蒸氣不會飄散，燜燉時溫度也能保持穩定。

G 麵包發酵

喜愛自製麵包的話，惠而浦蒸焗爐備有麵包「發酵」功能，能以蒸氣長時間保持穩定的溫度 30℃ － 40℃ 及濕度，方便麵糰發酵。香港天氣冷暖不定，以惠而浦蒸焗爐發酵可有效減低室溫變化對發酵過程的影響，大大縮減時間，也確保麵糰更準確地發酵至理想效果。發酵完成後，更可原機烤焗，輕鬆做出健康而有創意的新鮮麵包。

H 翻熱麵包

4S 蒸焗爐備有「翻熱麵包」功能，有翻熱室溫麵包和冷藏麵包兩種選擇，而 4S mini 蒸焗爐則分為「翻熱中式包點」及「翻熱西式麵包」：內置的程式，會調節相應溫度，效果像剛出爐的新鮮麵包。

I 低溫慢煮

以為低溫慢煮是專業廚房才能掌握的專利？現在不一樣了！只要把食物放進真空袋密封，蒸焗爐就能精確地控制水溫並慢煮食物，確保每次都能達完美效果，鮮嫩度剛剛好！

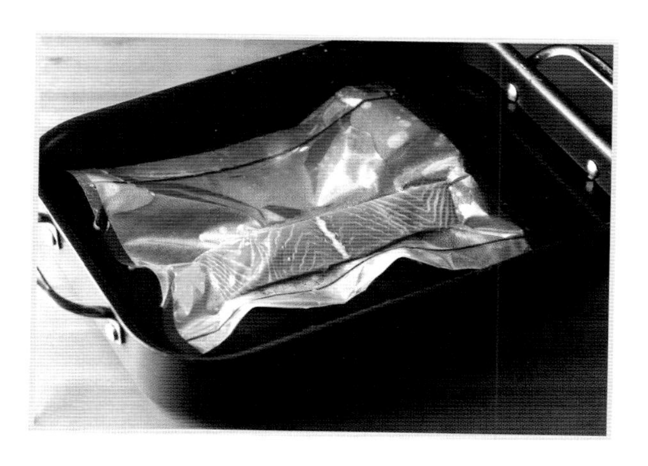

慢煮不單能增加肉類幼嫩度，還能保留水果及蔬菜鮮豔色彩、魚肉的細膩口感！惠而浦蒸焗爐的「慢煮」模式，可自由調校由 50 ℃ 至 90℃之間的低溫來處理食材，不論是肉類、海鮮和蔬菜均可，鎖住食物水分，也讓營養和鮮味不易流失。

J 蔬果風乾

若然遵行健康飲食，但又是饞嘴一族，採用「乾果」煮食模式來自製小食最適合不過。只要將香蕉片、蘋果片、奇異果片等等，放進惠而浦蒸焗爐，並選擇「乾果」煮食模式，即可炮製一盤健康美味的脆口生果片。

K 預熱功能

當蒸焗爐已預熱至設定的溫度時（包括蒸及焗），會有自動提醒功能，無須自己估計爐內的溫度。

L 其他實用功能

不說不知道，原來惠而浦蒸焗爐還有許多有趣貼心的輔助小功能，例如能透過高溫消毒食具、以低溫為食物解凍或保溫，實在是廚房好幫手！不用擔心，這些模式均以蒸氣或熱風進行，確保你及家人的健康。

安裝小秘訣：理想的擺放環境及上下左右預留空間

若想擁有安全又舒適的煮食過程，蒸焗爐的擺放位置也很重要啊！請留意以下指示，讓您的惠而浦蒸焗爐，用得更安心又放心！

1 請確保產品的四周有足夠的通風空間作通風之用，留意不要在爐頂放置任何物件。4S 及 4S mini 蒸焗爐的背部均能緊貼牆壁擺放。至於左、右及上方可預留的所需要的預留空間，請詳閱相對型號之說明書。

2 請勿堵塞機身上的吸氣口及排氣口，否則無法散熱，有可能造成火災。只要平常多加保養，避免積聚垃圾及灰塵，以避免堵塞吸氣口及排氣口，就能以策安全。

3 切記不可將蒸焗爐放置於高溫潮濕位置，例如煤氣爐、帶電區或洗手盤旁等。

4 蒸焗爐的重量不輕，記得必須平放在堅固及平穩的表面，以免發生危險。

5 在室內濕度過高的環境，則不能使用本產品。

6 4S 及 4S mini 蒸焗爐均只設計作座檯式使用，不可以作嵌入式安裝。

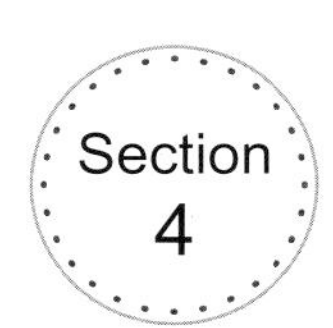

Section 4 新手常見問題 Q&A

Q: 開箱後，發現機身內有水氣及水珠，這是正常的嗎？

A: 因為每部機出廠時，廠方都會進行全檢程序，所以有水氣是正常現象。

Q: 第一次開爐時，是否需要讓蒸焗爐空燒一次？

A: 新買蒸焗爐回來時，請以「消毒」模式進行 20 分鐘的消毒清潔，然後抹乾便可以使用了。

Q: 為蒸焗爐注水時，需要注意水的種類嗎？

A: 建議使用新鮮自來水或蒸餾水，因長時間使用礦泉水，腔體及水管內壁容易出現水垢，那就得多加清洗了。

Q: 為甚麼烹調結束後，爐內風扇仍然運轉？

A: 這是正常的，風扇仍然轉動的作用是為了讓爐腔降溫。

Q: 機體內出現異味，怎麼辦？

A: 切勿使用強洗滌劑、含金屬成份的清潔布、磨砂型潔具、鋼刷、表面粗糙的抹布清潔。若因長時間閒置而出現異味，只要在儲水箱內放入檸檬水，然後使用消毒模式運行 15 至 20 分鐘後，即可簡單清除異味。

Q: 煮食時弄髒了爐腔，該如何清潔？

A: 平常多保持爐腔清潔，當食物或湯水濺到內壁時，只要使用濕布擦去即可，切勿用硬質材料清潔！如內壁真的很髒，也只要使用軟性洗劑便可以。如果爐底變黃，應該是由於蒸焗食物後沒有將爐底積水清理乾淨，便立刻進行烤焗，污水烤乾後便會令底部變黃。只要使用食用梳打粉或不銹鋼清潔劑，即可去除污漬。

Q: 是否所有廚具也可放入爐內使用？

A: 不是，您必須確保廚具能抵受爐內的高溫。若使用熱風對流，廚具必須能受熱達攝氏 230℃；使用蒸煮模式時，則可使用平常用於明火蒸煮時使用的器皿，或能受熱達攝氏 110℃ 的廚具。

Q: 每次使用「蒸氣」模式後，爐內底部還有好多水份？

A: 使用任何會啟用「蒸氣」的模式後，爐腔底部有水是正常現象。同時，在煮食時經常打開爐門、天氣潮濕或是剛完成長時間蒸煮，這些情況都會增加蒸焗爐底部的水量。除了勤於清理爐腔內的積水外，亦可使用「烘乾爐腔」功能。爐腔會高溫加熱，以蒸發爐腔中多餘水份和濕氣。

Q: 為甚麼在爐腔內，會有一些白色粉末存在？

A: 這些白色粉末是水垢，是正常使用的現象。水垢的出現，是水加熱時產生的，尤其是經過長時間蒸煮時更為常見。所以，烹調完畢後，緊記清理殘留在儲水箱及爐腔內的積水。當發現水垢越來越多，可啟動「除垢」模式，以清潔水管。

Q: 蒸焗爐底部的接水盤有甚麼作用？

A: 接水盤是可以拆下的。它會盛載從蒸焗爐底部漏出的水（例如清潔時太大動作），以防漏到檯面，所以要定時清理它，否則它會滿瀉，令檯面沾濕。當打開爐門時，會出現水蒸氣，令水有機會漏出，而接水盤是會盛載它的。

Q: 每次用完蒸焗爐後，該如何清潔？

A: 每次使用後，請把爐內水份及污垢抹淨，並把爐門打開吹乾過夜。

Q: 為甚麼未使用夠 3 小時就需要再加水？

A: 請於使用蒸煮模式前，將水箱注滿水；如使用超過 100℃，則需要再加水。

Q: 座檯式及嵌入式的蒸焗爐有甚麼分別？

A: 標準嵌入式廚電，正面望向產品時，四邊均緊貼廚櫃，沒有縫隙，看上去比較整齊美觀。此外，其通風結構亦與座檯式完全不同，內設精密機件設計，以讓在密封情況下亦能有足夠的空間散熱，如常於櫃內運作。

常保潔淨！例行保養小貼士

剛把心愛的蒸焗爐買回來，不知道如何作例行保養？這裡有少少心得，跟你分享一下。留意，在進行清潔與保養時，緊記在冷卻狀態下進行（即 "H" 過熱提示熄滅後），並必須先從插座上拔下插頭，以策安全！同時也記得不應使用蒸氣清潔器來清洗蒸焗爐。

基本清潔

1 使用蒸焗爐後發現爐底有水，這是正常的現象，只要使用跟機海棉吸乾就可以。最後，請打開爐門，並讓其自行風乾過夜。

2 如果爐內出現油漬，可以在烘焗後使用「消毒」模式，以蒸氣清潔爐腔，然後再以抹布清除油漬就更輕鬆了。

3 萬一爐內出現難以清除的污漬，可使用食用梳打粉，以水開稀，或使用不銹鋼清潔劑，去除污漬。

4 每次使用後，請確保爐內無食物殘留物遺留。

5 如日常使用較頻密，每月可進行一次「除垢」 程序。

烘乾爐腔

使用完帶蒸氣的烹調模式後，若爐腔裡面還有剩餘的水蒸氣，長時間濕潤可能會影響機能，只要使用跟機的海棉吸乾爐腔內的所有水份，並且打開爐門，讓它自然風乾，便可確保爐腔整潔；同時，惠而浦蒸焗爐也備有「烘乾爐腔」功能，快速將爐腔弄乾，以確保徹底乾爽。

爐壁清潔

惠而浦蒸焗爐上層的發熱線設計可 45℃向下傾斜，使更容易清潔爐腔上層污漬。此外，機內兩旁用作支撐食物托盤的線形模具，替代了傳統的厚身層架，更節省空間亦易於清洗。

定時除垢

經常使用蒸氣功能會令水管內水垢積聚。惠而浦蒸焗爐提供了貼心的除垢提示，當帶蒸氣的功能累積使用時間達到 100 個小時，便會自動提醒用戶進行除垢。用家可配合「除垢劑」（如惠而浦的「Wpro 除鈣去垢劑」）完成除垢工序。

Step 1

當蒸煮達到 100 小時後，顯示屏上的「除垢提示」圖示便會亮起，直到用戶啟動了除垢功能才熄滅。

Step 2

除垢功能的工作時間固定為 50 分鐘，並需配合除垢劑使用。

Step 3

蒸焗爐也會提醒用戶注意倒掉接水盤內的除垢水，顯示屏上有相應的清潔接水盤圖示提醒。

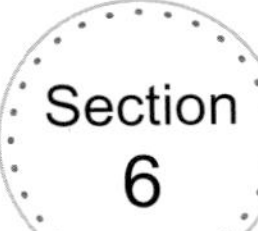

必備小工具！動手前先妥善準備

工欲善其事，必先利其器！在正式利用蒸焗爐烹調各種美食，記得先準備好以下工具，這樣在製作過程中就更得心應手了！

杯子蛋糕模具

想製作精美的蛋糕，自然不能缺少各種可愛又漂亮的蛋糕模具，不論是紙、金屬或瓷的也一樣可以使用，只須確保模具是耐高溫達 230℃ 便可以。

燒烤夾

在加熱或蒸煮時，用於取出或翻轉食物時使用的工具。

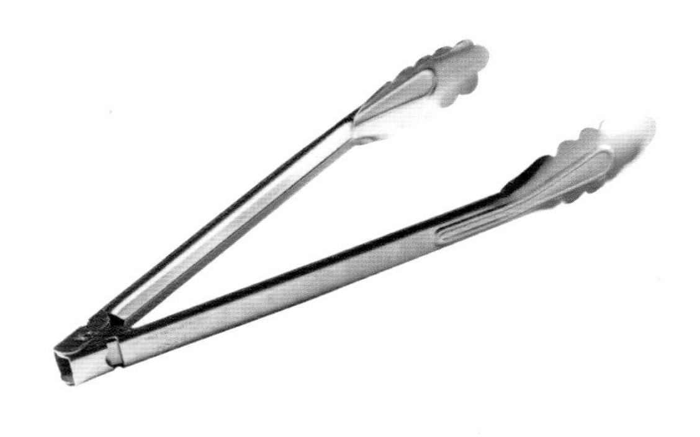

鬆肉針

製作燒肉時用於刺破豬皮的小工具。

入爐牛油紙

放置於焗盤上才放置食物，既不會黏底，也不怕弄髒焗盤及其他器具。

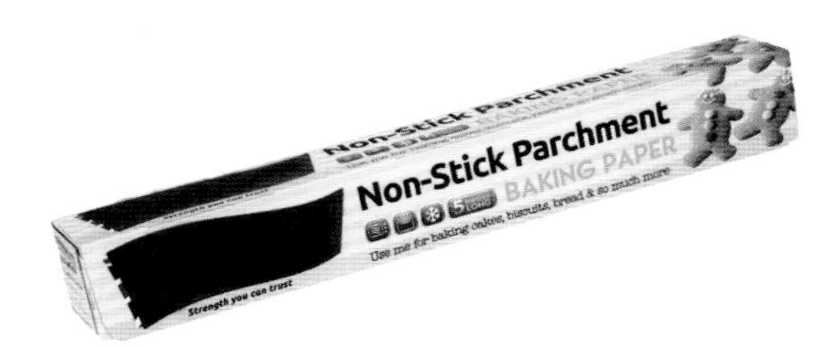

各式入爐烘焗容器

蒸焗爐容量特大，可使用各種不同尺吋及材質的烘焗容器，非常方便！

蒸焗爐使用冷知識

學懂以下實用的小技巧，使用蒸焗爐便更得心應手，有趣得多了！

菜式	操作模式	溫度	煮食時間	小貼士
蒸飯				
一般米	蒸氣模式	100℃	30 分鐘	．米與水的比例為 1：1，可按米的受水性再作加減。 ．蒸飯時最好使用闊口淺器皿。 ．米飯蒸煮時，不要經常打開爐門，會影響蒸焗爐的溫度，可使用爐燈觀察米飯的熟透程度。
泰國米	蒸氣模式	100℃	25 － 30 分鐘	
台灣米	蒸氣模式	100℃	40 分鐘	
日本米	蒸氣模式	100℃	40 分鐘	
蒸意粉	蒸氣模式	100℃	10 － 12 分鐘	．意粉放入合適的器皿內，加入水蓋過意粉，便可放入蒸焗爐。
蒸魚（一斤左右）	蒸氣模式	100℃	12 － 15 分鐘	．使用蒸焗爐蒸魚，時間為一般明火蒸魚時間再加 3 － 5 分鐘，視乎魚的大小而定。 ．如厚身的魚可在魚身兩側各輕輕斜劃兩刀，讓魚更易熟透。蒸魚時可放入蔥於魚身下，可加強蒸氣流通，令熱力更平均。
蒸菜	蒸氣模式	100℃	8 分鐘	．先將蔬菜平放排好，放上少許薑絲，淋上少許油，便可放入蒸焗爐。
蒸蛋	蒸氣模式	100℃	10 分鐘	．將 2 隻雞蛋打成蛋液，倒入 250 毫升水，便可放入蒸焗爐。
蒸奶	蒸氣模式	100℃	12 分鐘	．將牛奶放在合適的器皿內，便可放入蒸焗爐。
煲粥	蒸氣模式	100℃	45 分鐘	．米與水的比為 1：8。 ．蒸煮後再用明火煮約 5 分鐘。
一餐多層煮食				
蒸飯	蒸氣模式	100℃	30 分鐘	．先放入蒸煮時間最長的菜式，後放蒸煮時間較短的菜式，如此類推。例如：先放入飯，蒸煮至蒸焗爐餘下 16 分鐘再放入排骨，繼續蒸煮，當蒸焗爐餘下 8 分鐘時再放入菜，當蒸焗爐響起時，3 道菜式就能同一時間出爐，30 分鐘就能完成 3 道菜式。
蒸排骨	蒸氣模式	100℃	16 分鐘	
蒸菜	蒸氣模式	100℃	8 分鐘	

以上時間僅供參考。　　# 不論烹調任何時食材，建議先執行「預熱」模式。

菜式	操作模式	溫度	煮食時間	小貼士
翻熱				
一般翻熱	蒸氣模式	100℃	按食物而定	·使用可入爐保鮮紙覆蓋食物，便可放入蒸焗爐進行翻熱。
麵包翻熱	翻熱麵包	預設程式	10 － 12 分鐘	·4S 型號可使用翻熱室溫麵包或冷藏麵包模式；4S mini 除有上述模式之外，更追加中式或西式麵包模式，內置程式會調節相應溫度，而時間則可自行調校。
發酵麵包				
第一次發酵	發酵	30-40℃	40 分鐘	·麵糰第一次發酵後，用手指在麵糰中間位篤一下，如麵糰沒有黏手、沒有回彈，第一次發酵程序就完成了。 ·造形後，進行第二次發酵，當麵糰比原先的脹大了一倍，第二次發酵程序就完成了。 ·另外，想觀察麵糰發酵情況，可按下爐燈，就可以在不用開爐門的情況下檢視麵糰發酵進度了。
第二次發酵	發酵	30-40℃	20 分鐘	
花膠	蒸氣模式	100℃	25 － 30 分鐘	·將花膠浸水，加入薑蔥，便可放入蒸焗爐進行浸發。 ·蒸好的花膠浸水放一晚，清洗後再分批包好，放入冰箱保存便可。
慢煮				
刺身三文魚	慢煮	50℃	30 分鐘	·將食材放入真空袋抽真空，容器內注入水蓋過食材，便可放入蒸焗爐。
牛扒	慢煮	55℃	40 － 50 分鐘	
燉湯				
燉湯 / 滾湯	蒸氣模式	120℃	90 － 120 分鐘	·先將湯料汆水，去除血水和雜質。將湯料加入滾水，便可放入蒸焗爐進行燉煮。 ·建議使用鎖水功效較強的湯煲，完成後便有老湯水的效果。

Part 1
開胃小食篇

份量
4人
操作模式
上下燒烤
配件位置
第2層
煮食時間
15分鐘
使用配件
焗盤

泰式魚餅

偶然轉轉口味，烹調其他國家的地道小食也不錯！更何況現在只需幾個步驟，便能製作出健康又香口的泰式魚餅呢！

> 主廚 Natalie Lin <

材料

檸檬葉……4塊
豆角……2條
鯪魚肉……1/2斤

調味料

紅咖喱膏……1湯匙
糖……1茶匙
生粉……1茶匙

步驟

1 將檸檬葉切成細絲；豆角切成細粒。

2 將所有材料及調味料以順時針方向攪動至起膠。

3 焗盤上放上牛油紙，將魚肉放在牛油紙上，稍微用湯匙輕輕壓平。

4 入爐前於魚餅上噴上一層薄薄的油，選擇「上下燒烤」煮食模式，以200℃燒烤15分鐘至金黃色即成。

— 主廚 —
蒸焗料理小秘訣

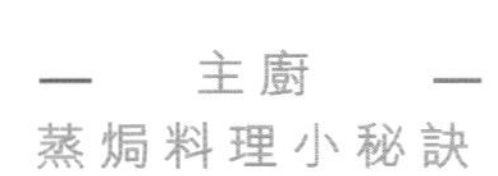

① 泰式魚餅可配以泰式雞醬享用。

份量
1人
操作模式
上下燒烤
配件位置
第 3 層
煮食時間
16 分鐘
使用配件
焗盤

免炸港式西多士

美味的食物都是邪惡的！想健康又能滿足吃邪惡食物的欲望，不妨試試以下的免炸港式西多士，不用油炸經已炮製出非一般的港式西多士！

> 主廚 Lemon Lau <

材料

方包 ………… 2片
雞蛋 ………… 2隻
牛奶 ………… 80毫升
砂糖 ………… 1茶匙

調味料

花生醬 ………… 1湯匙
牛油 ………… 適量
糖漿 ………… 適量

步驟

1 先將兩片方包去皮。

2 塗上花生醬疊放。

3 用湯匙將雞蛋、牛奶和砂糖拌勻，製成蛋漿。

4 把方包浸在蛋漿裡令方包均勻泡滿蛋漿。

5 將牛油紙鋪墊在焗盤底部，然後放上方包。

6 將方包放入已預熱蒸焗爐，選擇「上下燒烤」煮食模式，以220℃燒烤8分鐘直至金黃色；將方包反轉，以220℃再燒烤3分鐘。配以牛油或糖漿享用。

— 主廚 — 蒸焗料理小秘訣

① 方包浸蛋漿時，要小心輕放。
② 去皮方包除了美觀外，更易吸滿蛋漿，質感更軟熟。
③ 除牛油或糖漿，可以選擇塗上焦糖醬和半溶棉花糖。
④ 留意燒烤時間或會因麵包厚薄而有所不同，需留意會否烤焦。

分量
10 件

操作模式
上下燒烤

配件位置
第 3 層

煮食時間
23 分鐘

使用配件
焗盤

牛肉薯餅

清蒸薯仔有點單調，就來個混合免治牛肉的日式薯餅吧。一口一口吃牛肉薯餅，香口又飽腹，頓時倍感滿足。

> 主廚 Mon Li <

材料

牛肉碎 ……… 200 克
中型薯仔 ……… 3 個
洋蔥 ……… 1 個
乾蔥 ……… 2 粒
蛋黃 ……… 1 隻

醃料

水 ……… 1 茶匙
糖 ……… 1 茶匙
豉油 ……… 1 茶匙
蠔油 ……… 1 茶匙
生粉 ……… 1 茶匙
胡椒粉 ……… 少許
紹酒 ……… 1/2 茶匙
五香粉 ……… 1/2 茶匙
油 ……… 1 湯匙
麵粉 ……… 1 湯匙

調味料

乾香草 ……… 少許
鹽 ……… 2 茶匙
麵粉 ……… 1 湯匙
油 ……… 1 茶匙

步驟

1 將醃料混合至均勻。牛肉碎用醃料醃 15 分鐘。

2 把薯仔放在鍋內，隔水蒸煮至熟透，去皮。將 2 個薯仔用湯匙壓成薯蓉；另外 1 個則切成小粒。

3 洋蔥、乾蔥洗淨，切碎，落鑊炒香，加入已醃好的牛肉碎略炒，盛起。

4 將薯蓉、薯粒、調味料和半隻蛋黃混合；再加入牛肉碎拌勻；另外半隻蛋黃用打蛋器發打成蛋液備用。

5 在焗盤上鋪牛油紙，掃上一層油。將已拌好的薯餅材料搓成球形，略壓，再排放在焗盤上。完成後，放入雪櫃冷藏約 1 小時至定型及收乾水份。

6 取出薯餅，掃上蛋液，放入已預熱蒸焗爐，選擇「上下燒烤」煮食模式，以 200℃燒烤 15 分鐘；反轉另一面，再掃蛋液，燒烤 8 分鐘即可。

— 主廚 — 蒸焗料理小秘訣

① 必須將已拌勻的材料放入雪櫃定型，不然薯餅會變軟，影響口感。

份量
1-2人
操作模式
上下燒烤
配件位置
第3層
煮食時間
45分鐘
使用配件
焗盤

孜然肉碎焗茄子

> 主廚 Shirley Chan <

茄子脂肪和熱量極低，而且紫色的皮富有豐富的維他命 E，又被譽為血管清道夫，健康得來也很有營養，加點辣味更能提升開胃感覺。

材料

材料	份量
茄子	2 條
豬肉碎	200 克
指天椒	1 小條
蒜頭	1 個
孜然粉	2 茶匙
蠔油	2 湯匙
雞粉	半茶匙
糖	2 茶匙
胡椒粉	適量
油	適量

步驟

1 茄子原條掃油，以「上下燒烤」煮食模式 200℃焗煮 30 分鐘。

2 蒜頭、指天椒切碎，用油炒香，加入所有調味料，加少許油，拌勻後放肉碎炒。

3 茄子切半開邊，塗上調味料，「上下燒烤」煮食模式 180℃焗煮 10 分鐘。

4 出爐灑上蔥粒，大功告成。

小秘訣

① 先將雞中翼的兩端軟骨剪去，可輕易把雞翼骨拆出。

秋葵釀雞翼

主廚 Natalie Lin

烹調雞翼的方法相當多，但想令口感更加豐富，便不能錯過以下食譜了。於雞翼內，釀入爽口的秋葵，健康得來更提升了口感的層次。

材料

雞中翼	12隻
秋葵	12條
蜜糖	適量

調味料

醬油	1湯匙
味醂	1湯匙
料理酒	1茶匙
鹽	1/4茶匙
糖	1茶匙
胡椒粉	少許
薑汁	1茶匙
蒜蓉	1湯匙

步驟

1. 雞中翼洗淨，去骨。
2. 用調味料將雞中翼醃最少2小時。
3. 秋葵洗淨，用廚紙抹乾，切去頭尾，釀入雞翼中。
4. 將雞翼放入已預熱蒸焗爐，選擇「上下燒烤」煮食模式，以200℃燒烤10分鐘，在雞翼面塗上蜜糖，再燒烤8分鐘至金黃色即成。

小秘訣

① 可依個人喜好調較餡料的濃淡味道，切忌加水煮菠蘿。

鳳梨酥

主廚 Joanne Pang

想在正餐之間吃一點小食，一客鳳梨酥配清茶，是最佳的組合。香甜菠蘿混合麥芽糖，餡料豐富，既滋味又飽肚。

酥皮材料

無鹽牛油（室溫）	140克
糖霜	40克
蛋液	40克
低筋麵粉	220克
奶粉	45克
芝士粉	20克

鳳梨餡材料

新鮮菠蘿	約600克
麥芽糖	200克

鳳梨酥餡料步驟

1. 將新鮮菠蘿去皮切小塊，放入攪拌機打成泥狀，用濾網隔走菠蘿汁。
2. 把菠蘿泥和麥芽糖倒入小鍋裡，用小火煮至乾身，期間要不停攪拌避免起焦，放涼備用。

鳳梨酥酥皮步驟

1. 將室溫無鹽牛油和糖霜用打蛋器打勻。分次加入蛋液，快速打勻。
2. 先將低筋麵粉、奶粉和芝士粉用濾網過篩，再加入牛油裡，用手搓成粉糰。然后，用保鮮紙包起粉糰，然後放入雪櫃冷藏30分鐘。
3. 取出20克粉糰，將12克餡料放置粉糰中央，然後搓成圓形。
4. 在長方形模具上掃上一層油，放入搓好的粉糰，將模具放在焗盤上。
5. 將焗盤放入已預熱蒸焗爐，選擇「熱風對流」煮食模式，以180℃烤焗15－18分鐘或至呈現金黃色，放涼後脱模即可。

小秘訣

① 寬闊的爐腔設計，讓雞髀和薯條可同步烤焗以節省時間。先在蒸焗雞髀最後的 8 分鐘將薯條放旁；同時間反轉雞髀和薯條，再烤焗 4 至 5 分鐘，然後取出薯條；雞髀再烤焗 5 分鐘，便可出爐。

②「全功能蒸焗」煮食模式可做成雞皮脆而不減肉汁豐盈的效果，味道及口感比一般先蒸後焗的做法好得多。

免油炸雞腿伴薯條

> 主廚 Connie Kwok <

給入廚新手的好消息：現在無需炸鍋與油炸般大陣仗，便可在家裡輕鬆製作出美味炸雞腿，製作過程簡單亦節省不少清潔功夫呢！

材料

雞腿	2 隻
炸雞粉	1 包
美國焗薯	2 個

調味料

鹽	少許
油	少許

雞腿步驟

1. 雞腿洗淨，均勻地塗上炸雞粉，醃約 20 分鐘，將雞腿排放在燒烤架上。
2. 將雞腿放入已預熱 230 ℃ 的蒸焗爐，選擇「全功能蒸焗」煮食模式，以 220 ℃ 蒸焗 20 分鐘；反轉背面，選擇「加強熱風對流」煮食模式，以 200℃ 烤焗 10 分鐘。最後加入鹽調味，即成。

薯條步驟

1. 薯仔洗淨，連皮切條，整齊排列在焗盤上，並噴上少許油。
2. 將薯條放入已預熱蒸焗爐，選擇「全功能蒸焗」煮食模式，以 220℃ 蒸焗 8 分鐘；反轉背面，選擇「上下燒烤」煮食模式，以 200℃ 燒烤 5 分鐘，略加鹽調味，即可。

小秘訣

① 攪拌粉類時，需觀察麵粉有否出現凝結狀態，以免影響外觀。
② 可使用腸粉布，使腸粉熟透後更易捲起。
③ 倒入粉漿於焗盤時，忌厚身，不然粉漿未能均勻受熱，出現內部未熟透的情況。
④ 腸粉蒸煮時間，視乎粉漿的厚薄程度而定。

蔥花蝦米腸粉

> 主廚 Joanne Pang <

吃一口軟滑彈牙的腸粉，男女老幼都喜歡。親自製作軟滑的腸粉皮，配以採用惠而浦蒸焗爐的「蒸氣」煮食模式，不單口感幼滑，用料更能完全掌控，自然食得安心又放心。

材料

蝦米	適量
沾米粉	80 克
粟粉	5 克
無筋麵粉	5 克
水	325 毫升
油	1/2 湯匙
蔥粒	適量

步驟

1. 用凍水浸軟蝦米後，放入熱焗蒸煮 5 分鐘。亦可放入已預熱蒸焗爐，選擇「蒸氣」煮食模式，以 100℃蒸煮 5 分鐘。
2. 把沾米粉、粟粉、無筋麵粉攪拌均勻至無粉粒狀態。
3. 加入水和油於粉漿中，拌勻。
4. 在焗盤上塗上一層薄油。然後倒入粉漿，再放上蔥粒和蝦米。
5. 焗盤放入已預熱蒸焗爐，選擇「蒸氣」煮食模式，以 100℃蒸煮 5 － 8 分鐘。
6. 出爐後，用膠棒刮出腸粉皮，慢慢捲成腸粉，即成。

小秘訣

① 預早醃好雞髀肉，使雞肉更入味。
② 蒸焗爐能獨立調校上下火，可延長烤焗批底的時間。

酥皮菠菜雞批

> 主廚 Ls Queenie <

新鮮出爐的菠菜雞批叫人垂涎欲滴。雞批裏添加菠菜，不但美味健康，鬆脆的酥皮更瀰漫着陣陣香濃馥郁的牛油香。

菠菜雞肉餡料

雞髀	1 隻
菠菜	1/2 斤
洋蔥	1/2 個
蒜蓉	1 茶匙
忌廉雞粒磨菇湯	3 湯匙

批底及批面材料

酥皮	2 塊
蛋液	10 克

雞肉醃料

紹興酒	2 茶匙	粟粉	1 茶匙
鹽	1 茶匙	豉油	2 茶匙
麻油	1 茶匙	胡椒粉	1/4 茶匙
糖	1 茶匙		

步驟

1. 將雞肉醃料拌勻。將雞髀肉拆骨起肉，雞肉醃料均勻地塗抹在雞髀上，醃 15 分鐘。菠菜洗淨，放入熱水煮約 2 分鐘。盛起菠菜，切去根部，將菠菜切成數段。洋蔥切成小段，備用。
2. 用平底鑊煎香雞髀至 8 成熟，然後切粒，備用。
3. 將洋蔥、蒜蓉炒香，最後倒入所有雞肉餡料略炒，放涼。
4. 在 2 塊酥皮上用叉刺孔；在其中 1 塊酥皮面輕輕劃上格仔。
5. 將已刺孔的酥皮放入 9.5 吋批模中，然後放入餡料。
6. 將劃上格仔紋的酥皮蓋面，掃上蛋液。
7. 將批模放在焗盤上，放入已預熱蒸焗爐，選擇「熱風對流」煮食模式，以 180℃烤焗 15 － 20 分鐘至金黃色即可。

小秘訣

① 薯片可按個人喜好和口味隨意加入，個人偏愛少辣，小朋友食用的話，建議用原味薯片。
② 如雞翼較大隻，需多焗 5 分鐘。

薯片雞翼

薯片和雞翼都是小朋友和大人至愛，兩者混合起來更成為很特別的 Fusion 菜色，味道沒有違和感覺，令人驚喜。

> 主廚 Teresa Wong <

材料

雞翼	6 隻
原味薯片	100 克
鹽	適量
胡椒粉	適量

步驟

1. 雞翼先解凍，用鹽和胡椒粉醃半小時。
2. 在雞翼上依次沾上麵粉、蛋液，最後沾上薯片。
3. 架上預先塗油，放雞翼上架，用「加強熱風對流」煮食模式，以 200℃焗 20 分鐘就完成。

Part 2
有營包點篇

份量
2-3人
操作模式
上下燒烤
發酵
配件位置
第3層
煮食時間
15分鐘
使用配件
焗盤

脆皮菠蘿包

為什麼菠蘿包沒有菠蘿，但又有這稱號呢？其實是因為包面的格紋與菠蘿外貌相似而命名。大家不妨試造一個，看看是否真的有像吧！

> 主廚 Rever Yeung <

麵包材料

高筋麵粉	270 克
低筋麵粉	30 克
酵母	4 克
全蛋	1 隻
牛奶	150 克
細砂糖	30 克
鹽	2 克
菜油	30 克

菠蘿包外皮材料

無鹽牛油	50 克
細砂糖	60 克
低筋麵粉	100 克
蛋黃	1 個
奶粉	15 克
泡打粉	4 克
梳打粉	1 克

步驟

1 先行預熱蒸焗爐至 170℃（需時大約 15 分鐘），然後做麵糰。全部材料揉成光滑麵糰至有彈性，滾圓並以「發酵」模式進行第一次發酵至兩倍大（需時約 45 分鐘，視乎溫度及濕度）。

2 等待期間做菠蘿皮，牛油放軟與糖打發至淡黃色，之後加入蛋黃打勻。分 2-3 次放入已篩粉類（麵粉、奶粉、梳打粉和泡打粉），當完全混合後搓成圓長條，用保鮮紙包好並放回雪櫃雪半小時。

3 麵糰完成第一次發酵後，排氣及分割為 10 份，滾圓之後休息 10 分鐘，再將每個造型收口向下，放上焗盤進行第二次發酵至 1.5 倍大，記緊預留足夠空間予麵糰發大。

4 等待期間繼續製作菠蘿皮，從雪櫃取出後平均分割為 10 份，每件再放平滾平成圓型片，大約 2-3 毫米厚，用保鮮紙隔開備用。

5 當麵糰完成第二次發酵後，便可以鋪上菠蘿皮，然後掃上薄薄蛋汁。

6 入爐使用「上下燒烤」模式，以 180℃ 焗 12-15 分鐘，如果面色太深，可中途加上錫紙。

份量
8人/16件
操作模式
熱風對流
發酵
配件位置
第4層
煮食時間
2小時
20分鐘
使用配件
焗盤

芝士腸芝士包

> 主廚 Ls Queenie <

說起最喜愛的麵包，一直也是腸仔包。偶然在傳統麵包上加點變化，相信對喜愛麵包的朋友來說，也是一種樂趣。

麵包材料

高筋麵粉	175 克
鹽	3 克
糖	27 克
牛奶	62 克
雞蛋	28 克
牛油	15 克
酵母	3 克
湯種	60 克

餡料

金妹芝士腸	16 條
硬巴馬臣芝士	適量
蛋液	10 克

湯種材料

水	250 克
高筋麵粉	50 克

湯種步驟

1. 先將水和高筋麵粉倒入鍋裡，用慢火煮至 65℃成粉糊狀。
2. 用耐高溫保鮮紙緊貼粉糊表面，放涼備用。
3. 完成的湯種約 270 克，取出 60 克湯種，餘下放入雪櫃保存。

麵包步驟

1. 將所有麵包材料（包括湯種），放入麵包機，選擇「麵糰」模式，以製成麵糰及進行發酵，約 1 小時 30 分鐘。
2. 將硬巴馬臣芝士磨成碎。
3. 從麵包機取出麵糰。將麵糰分成每份 20 克重的小球，蓋上保鮮紙，靜置發酵 15 分鐘。
4. 將小球揉成長條狀。從正中央將麵皮切成兩半，捲入芝士腸並用麵糰封面，放在已鋪牛油紙的焗盤上，一盤放 12 件。
5. 把芝士腸包放入蒸焗爐，選擇「發酵」模式，以 35℃－40℃ * 進行第二次發酵，約 30 分鐘。然後取出麵包，在麵包面掃上蛋液，放上巴馬臣芝士碎。
6. 讓蒸焗爐休息 5 分鐘。將芝士腸包放入已預熱蒸焗爐，選擇「熱風對流」煮食模式，以 150℃烤焗 20 分鐘即可。

* 發酵溫度需因應氣溫轉變而作出調整。

— 主廚 — 蒸焗料理小秘訣

① 預先用牙籤將芝士腸刺數個孔，可避免在烤焗時爆開。
② 在使用「發酵」模式後，先讓蒸焗爐休息 5 分鐘及抹乾爐底水份，然後才重新預熱蒸焗爐，可減少水氣積聚，或對蒸焗爐造成損耗。

份量
3-4人
操作模式
熱風對流
發酵
操作模式
上下燒烤
配件位置
第 4 層
煮食時間
35 分鐘
使用配件
焗盤

自製漢堡包

出外用餐要享受優質漢堡，有時候每個索價七八十元，其實只要活用蒸焗爐，也可自製出健康好味、份量十足的漢堡包。

> 主廚 Aimee Cheung <

漢堡包材料

高筋麵粉	440 克
中筋麵粉	42 克
鹽	$1\frac{1}{2}$茶匙
無鹽牛油	40 克
牛奶	3 湯匙
水	197 克
速酵母	4 克
糖	$2\frac{1}{2}$湯匙
蛋	1 隻

掃面材料

蛋液（加 1 湯匙水拌勻）	1 隻
白芝麻	少量

漢堡材料

牛肉碎	200 克
豬肉碎	150 克
洋蔥切碎	半個
雞蛋	1 隻

醃料

鹽	少許
胡椒粉	少許
粟粉	1 湯匙
糖	1 茶匙
麻油	2 茶匙

漢堡扒步驟

1 把所有漢堡材料和醃料拌勻，並壓成扒型。

2 開上下火，以「上下燒烤」模式用 180℃焗 20 分鐘。

麵包步驟

1 將所有材料用廚師機以慢速拌勻，之後用中速打成麵糰。

2 把麵糰放在大碗內，加上保鮮紙，以「發酵」模式進行發酵至兩倍大（需時約 1 小時）。

3 將之排氣、分割，搓圓至 9 個小漢堡包麵糰（約 93 克 / 個）後，進行第二次發酵至兩倍大。

4 焗前掃上蛋液和灑上白芝麻。

5 焗盆用層架放爐底，預熱至 200℃，選擇「熱風對流」模式，以 190℃焗 13-15 分鐘，中途需轉盆一次。

份量
2-3人
操作模式
上下燒烤
發酵
配件位置
第3層
煮食時間
20分鐘
使用配件
焗盤

法式牛角包

> 主廚 Rebecca Wong <

牛角包好味之處，除了奶油味濃之餘，酥皮更是香脆可口，自家製的話更有利熱食，比外購的來得新鮮。

材料

高筋麵粉	500 克
無鹽牛油	50 克
糖	40 克
鹽	10 克
速發酵母	7 克
牛奶	170 克
水	120 克
乾牛油（開酥用）	250 克

掃面蛋汁

蛋	70 克
牛奶	30 克

— 主廚 — 蒸焗料理小秘訣

① 使用廚師機搓麵糰，大約用 20 分鐘可完成。
② 開酥時要注意室溫，要夠凍，如果牛油有開始溶化，要即時放入雪櫃雪 10-15 分鐘先再繼續。
③ 記得每次摺疊麵糰時掃走上邊的多餘麵粉。

步驟

1 將所有材料（鹽和牛油除外）放入廚師機中揉成麵糰，再加入鹽揉至光滑。

2 分兩次加入牛油再揉至其被麵糰吸收及出現薄膜。

3 將麵糰封好，選擇「發酵」模式以 32-35℃發酵它至雙倍大小。

4 取出麵糰並輕拍以打出空氣，將之塑成長方形後，用保鮮紙 / 密實袋包好放入雪櫃雪 25 分鐘 / 冰格冷凍 8-10 分鐘。

5 將開酥牛油放上牛油紙，包成 15x20 厘米，再用麵棍壓成片狀，放回雪櫃雪 5-10 分鐘。

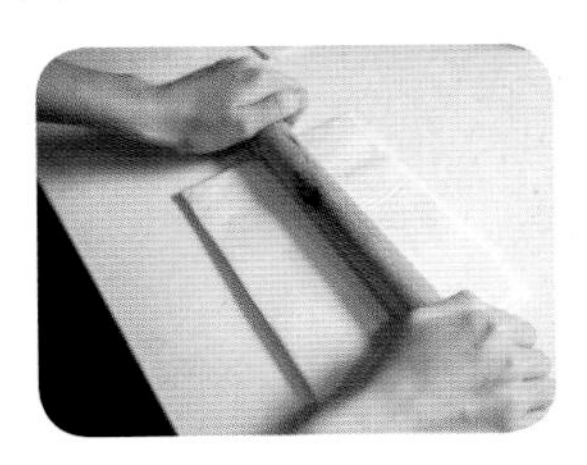

6 取出麵糰，灑少許麵粉在枱上，並展開至雙倍牛油片大小（約 32x22 厘米）。

7 掃走麵糰上多餘手粉，近麵糰下方放上牛油，將麵糰向下對摺並封好邊位，以免牛油漏出。

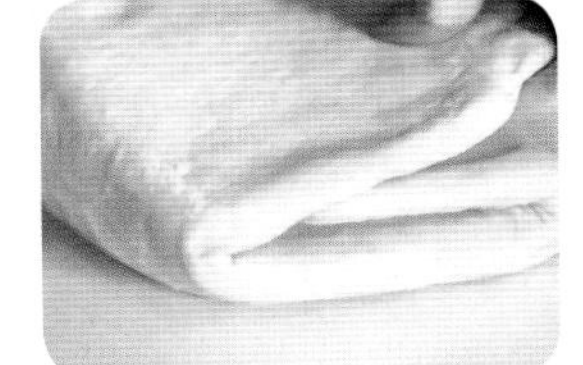

8 將麵糰轉 90℃上下展開至約 60-70 厘米長度，再將兩端向內摺，包好放入雪櫃雪 25 分鐘 / 冰格 8 至 10 分鐘，此步驟重覆 2 次。

9 將麵糰製成大小約 45x40 厘米，0.5 厘米厚的長方形，再修整切成 12 個 12x20 厘米三角形。

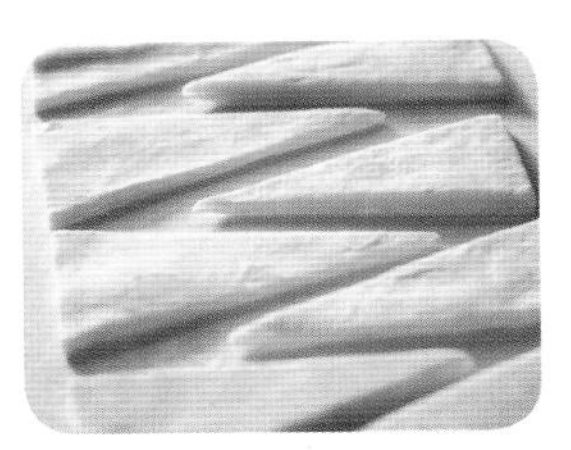

10 在三角形底部中間切 1 厘米，然後開始捲到尾，不要太緊。

11 在焗盆上掃上蛋汁（避開邊位），再放上已捲好的麵團，以「發酵」模式發酵至一倍半大，（溫度不要超過28℃，以免牛油溶化）。

12 蒸焗爐預熱至 170℃，放入牛角包焗 10 分鐘，再轉盆後以「上下燒烤」模式 150℃再多焗 10 分鐘。

13 完成取出放涼便可。

小秘訣

① 採用「發酵」模式可減低室溫變化對發酵過程的影響，縮減發酵時間。

白吐司

主廚 Elvina Li

吃麵包重質，也重份量吧。不想吃到輕飄飄的麵包，倒不如現在開始動手製作真材實料的白吐司。

老麵種材料

高筋麵粉	250 克
水	150 克
鹽	1 克
乾酵母粉	3 克

麵糰材料

高筋麵粉	300 克
無鹽牛油	28 克
水	140 -150 毫升
砂糖	30 克
脫脂奶粉	10 克
鹽	3 克
乾酵母粉	$3\frac{1}{2}$ 克
老麵種	50 克

步驟

1. 先製作老麵種。將老麵種材料搓成麵糰，放置室溫發酵 4 小時。水的份量可根據麵粉的吸水力加減調節，不應太乾或太濕，老麵種麵糰不用搓至光滑。
2. 將麵糰材料搓成麵糰，加入 50 克老麵種混合均勻至光滑有筋性。水分數次加入，避免麵糰太濕。
3. 麵糰放入蒸焗爐，以麵包「發酵」模式第一次發酵，約 50 分鐘。用手指篤一下麵糰，若不回彈即代表發酵完成。
4. 取出麵糰分割成 3 等份。按壓麵糰排氣，將麵糰滾圓，靜置 20 分鐘。
5. 將 3 份麵糰壓成小長方形，捲起放進吐司模。
6. 將吐司模放進蒸焗爐，以麵包「發酵」模式二次發酵，約 40 分鐘。
7. 吐司模蓋上蓋子，放入已預熱蒸焗爐，選擇「熱風對流」煮食模式，以 170˚ C 烤焗 25-30 分鐘。

黑糖裸麥包

> 主廚 Rever Yeung <

一般麵包都是由麵粉、牛奶和雞蛋組成，想健康一點不妨混入黑糖，它有補中益氣、健脾暖胃等功效，相當有益。

材料

高筋麵粉	230克
黑糖麥粉	20克
黑麥芽粉	9克
無糖可可粉	4克
酵母	4克
Molasses 黑糖蜜	40克
黑糖	30克
鹽	2克
牛奶	65-75克

（按麵粉吸收程度，分別2-3次落）

雞蛋	50克
無鹽牛油	25克

步驟

1. 先將1-10全部材料揉成麵糰再加入牛油，加入牛油後揉至光滑麵糰，滾圓並用保鮮紙蓋好碗，選擇「發酵」模式以35－40℃，進行第一次發酵至兩倍大（需時約60分鐘）。
2. 發酵完成後，取出排氣搓至光滑及分割6份，搓成條狀休息10分鐘，再將每個做型收口向下，放上焗盤以「發酵」模式35－40℃，進行第二次發酵至1.5倍大（需時約60分鐘），記得每個要有足夠空間發大。
3. 預熱蒸焗爐至180℃。
4. 第二次發酵完成後，麵包噴少許水份。
5. 入蒸焗爐前，麵包面灑上少許黑糖麥粉。
6. 以「上下燒烤」模式180℃焗18-20分鐘即成。

忌廉芝士包

> 主廚 Elvina Li <

忌廉和芝士本來就天生一對，兩者製成麵包後，味道渾然天成，是大人與小朋友的至愛。

材料

材料	份量
高筋麵粉	300克
全蛋	50克
全脂奶	120克
忌廉芝士	50克
酵母	5克
白砂糖	25克
幼鹽	$2\frac{1}{2}$克

步驟

1. 將高筋麵粉加入酵母，混入白砂糖和鹽攪拌。
2. 加入全蛋、忌廉芝士、慢慢入加牛奶（牛奶份量視乎麵粉吸水能力加減）。
3. 揉搓光滑麵糰至起筋後，將之滾成圓狀。
4. 放入蒸焗爐以「發酵」模式35℃進行50分鐘的首次發酵。
5. 取出排氣，滾圓，分成八等份。
6. 放下麵糰15分鐘。
7. 將麵糰壓平，揉搓至滾圓造形後放入焗盆。
8. 放入蒸焗爐前閒置，在麵包上灑上一層薄薄的麵粉作裝飾。
9. 放入蒸焗爐以「發酵」模式35℃進行40分鐘的第二次發酵，讓麵糰發至兩倍大。
10. 預熱蒸焗爐以「上下燒烤」模式180℃焗15分鐘。

小秘訣

搓麵糰時可抽起 10 克水分，因應需要再逐少加入。下牛油後，讓麵糰慢慢吸取水分，可使麵包在烤焗後的質感鬆軟。

咖喱雞腿包

主廚 Natalie Lin

少吃多滋味，偶然轉換輕食也是另一種選擇。表層焗得香脆的咖喱包，內裏配著燜得香腍的雞腿，實在令人回味。

材料

雞翼腿 …… 10-12 隻

調味料

薑 …… 2 片
滷水汁 …… 適量
香葉 …… 2 片
冰糖 …… 適量

麵糰材料

高筋麵粉 …… 300 克
新鮮酵母 …… 7 克
咖喱粉 …… 7 克
糖 …… 30 克　牛油 …… 30 克
鹽 …… $3\frac{1}{2}$ 克　蛋 …… 1 隻
水 …… 150 克

雞腿步驟

1. 洗淨雞腿後放入鍋加薑汆水，再放滷水汁及香葉蓋過雞腿。
2. 中火煮沸後加冰糖烹調 10 分鐘，熄火後燜熟取出放涼。

麵糰步驟

1. 先將麵糰材料（牛油除外）粗略搓勻，靜置 15 分鐘。加入牛油再搓至起膜；滾圓，蓋上保鮮紙，以「發酵」模式發酵約 40 分鐘，或發大至 1.5 － 2 倍。
2. 取出麵糰，用掌心壓走空氣後分成約 40 克一份；再滾圓並蓋上保鮮紙靜置 15 分鐘。用掌心輕壓麵糰，麵糰包著雞腿，以手指輕壓收口位使麵糰黏緊雞腿。
3. 麵糰掃蛋液，並在麵包糠上翻滾，然後噴水放入蒸焗爐，以「發酵」模式進行最後發酵約 30 － 40 分鐘或發大至 2 倍。
4. 預熱蒸焗爐，選擇「上下燒烤」模式，以 170℃燒烤 15 分鐘即成。

Part 3

巧手小菜篇

份量
2人
操作模式
加強熱風對流
配件位置
第 4 層
煮食時間
12 分鐘
使用配件
焗盤

菠蘿三色椒生炒骨

將三色椒拌生炒骨，既含豐富的營養，亦為餸菜生色不少，也是拌白飯的最佳組合。

> 主廚 Joanne Pang <

材料

豬排骨	1/2 斤
菠蘿片	適量
三色椒	適量
洋蔥	1/2 個
蛋液	適量
炸粉	適量

醃料

生抽	1 湯匙
老抽	1 茶匙
糖	1 茶匙
胡椒粉	適量

芡汁（A）

水	2 湯匙
茄汁	3 湯匙
白醋	3 湯匙
糖	2 湯匙
鹽	適量

芡汁（B）

粟粉	1 茶匙
水	1 湯匙

— 主廚 —
蒸焗料理小秘訣

① 蒸焗爐備有 360℃ 加強熱風對流，並兼容上下底火，可以高溫烤焗豬排骨至金黃色。

步驟

1 豬排骨洗淨，用醃料醃約 15 分鐘。

2 將菠蘿片、三色椒和洋蔥洗淨，切件。

3 依次序將豬排骨沾上蛋液、炸粉，然後排放在焗盤上，在豬排骨面噴上少許油。

4 將豬排骨放入已預熱蒸焗爐，選擇「加強熱風對流」煮食模式，以 220℃ 烤焗 12 分鐘至金黃色。

5 燒熱油鑊，爆香洋蔥，再放入三色椒、菠蘿和芡汁（A）。

6 最後倒入已焗好的豬排骨快炒，加入芡汁（B）即成。

份量
2-3 人
操作模式
熱風對流
配件位置
第 4 層
煮食時間
20-25 分鐘
使用配件
焗盤

泰式鹽焗烏頭

想經濟實惠為晚餐增添一道海鮮嗎？烏頭便是不錯的選擇。以鹽焗方式烹調烏頭，既可辟去淡水魚的泥味，做法亦相當簡單。

> 主廚 Vivian Chak <

材料

香茅	1-2 條
南薑	數片
檸檬葉	6-8 塊
烏頭	1 條
粗鹽	1 包
蛋白	2-3 隻

泰式酸辣汁

魚露	1 茶匙
糖	1 湯匙
水	1 湯匙
青檸汁	3 湯匙
辣椒粒	適量
蒜蓉	適量

步驟

1 香茅洗淨，用刀輕拍扁；南薑洗淨，切片；檸檬葉洗淨；將粗鹽和蛋白拌勻。

2 烏頭洗淨去內臟，不用打鱗，用廚紙抹乾水份，並在魚肚位置剪開，放入香茅、檸檬葉和南薑。

3 在錫紙上先鋪一層粗鹽，把烏頭放在粗鹽上，再將餘下的粗鹽完全蓋過烏頭。

4 將烏頭放入已預熱蒸焗爐，選擇「熱風對流」煮食模式，以 200℃ 烤焗 20 － 25 分鐘。

5 出爐掀開錫紙，敲碎鹽塊，去皮即成 。食用時可醮泰式酸辣汁。

— 主廚 —
蒸焗料理小秘訣

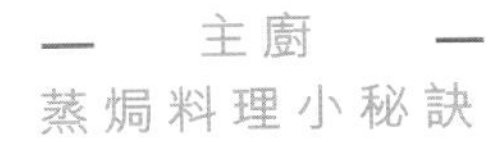

① 小心粗鹽掉入魚肚內，不然肉質會過鹹。

份量
3-4 人
操作模式
蒸氣模式
配件位置
第 4 層
煮食時間
10-12 分鐘
使用配件
蒸盤

蒸釀蟠龍茄子

一道能拌白飯的餸菜實在叫人胃口大開。鬆甜茄子釀入鯪魚肉，美味之餘，賣相也別具氣勢，是慶祝節日不可缺少的餸菜之一。

> 主廚 Vivian Chak <

材料

茄子 ······ 1 條
鯪魚肉 ······ 280 克
西蘭花 ······ 1 個

鯪魚肉調味料

粟粉 ······ 少許
蔥粒 ······ 少許
胡椒粉 ······ 少許

芡汁

粟粉 ······ 1 茶匙
糖 ······ 1 湯匙
蠔油 ······ 2 湯匙
水 ······ 4 湯匙

步驟

1 茄子洗淨，將茄子橫放，茄子的左右方各放一枝木筷子，以防將茄子切斷，直刀切片約 2cm 厚。

2 鯪魚肉加入調味料，順一個方向用力攪拌至起膠，然後將鯪魚肉釀入茄子中。

3 把西蘭花洗淨，切小朵。

4 將茄子放在圓盤上圍成一個圓圈，中間放入西蘭花。

5 將茄子放入已預熱蒸焗爐，選擇「蒸氣」煮食模式，以 100℃ 蒸煮 10 － 12 分鐘。芡汁放碗中拌勻，將芡汁煮滾濃稠後淋上茄子面即成。

— 主廚 — 蒸焗料理小秘訣

① 釀鯪魚肉時，份量不要太厚或太多，以免難熟透。
② 蒸焗爐具噴注式蒸氣設計，除減少「倒汗水」形成外，亦避免食物表面被水沾濕而影響口感。

份量
4人
操作模式
加強熱風對流
上下燒烤
配件位置
第4層
煮食時間
40分鐘
使用配件
焗盤
燒烤架

脆皮燒腩仔

主廚 Elvina Li

在家裡製作中式燒腩仔不是難事呢！只要預早做好簡易的準備功夫，然後放入蒸焗爐，香氣四溢的美味燒腩仔便大功告成。

材料

五花腩 ……………… $1\frac{1}{2}$ 斤

腩肉調味料

五香粉 ……………… 1 茶匙
海鹽 ……………… 2 茶匙
紹興酒 ……………… 1 茶匙
黑糖 ……………… 1 茶匙

醃豬皮料

檸檬汁 ……………… 1 茶匙
泡打粉 ……………… 1/2 茶匙

步驟

1 五花腩汆水後洗淨。用鬆肉針在豬皮上鬆針，讓皮內的水分和油分流出。

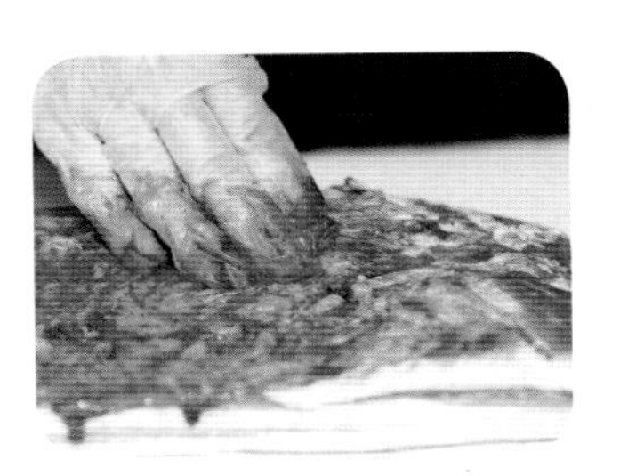

2 除豬皮外，在肉上均勻地塗上調味料。

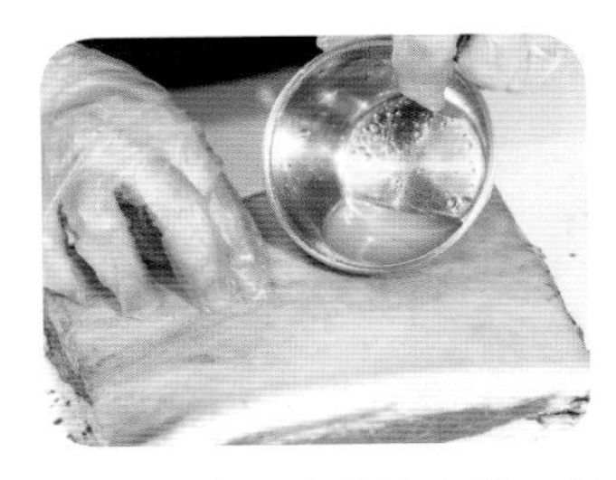

3 在豬皮上塗上泡打粉，再塗上檸檬汁。

4 用錫紙包裹肉身，豬皮部份外露，放入雪櫃冷藏約 6 小時。

5 將五花腩放在焗盤上，放入已預熱蒸焗爐，選擇「加強熱風對流」煮食模式，以 200℃烤焗 25 分鐘；再選擇「上下燒烤」煮食模式，以 230 ℃燒烤約 15 分鐘即可。

主廚 蒸焗料理小秘訣

① 冷藏五花腩有助抽乾豬皮水份；若取出時五花腩未夠乾身，可用風筒吹至全乾。
② 選擇「上下燒烤」煮食模式，可輕鬆做到皮脆肉軟的效果。

份量
4-6 人
操作模式
蒸氣模式
蒸焗模式
全功能蒸焗
配件位置
第 4 層
煮食時間
2小時40分鐘
使用配件
燒烤架

紅燒豬手

長時間看顧爐火實在費神，現在交由惠而浦蒸焗爐處理，一鍋入爐便可輕易烹調出軟腍的豬手。

> 主廚 Marcus Ho <

材料

新鮮豬手	1 隻
老抽	6 湯匙
蒜頭	3 顆
蔥	2 條
薑	3-4 片
指天椒	1 隻
小唐菜	1 棵

燜汁

生抽	3 湯匙
老抽	3 湯匙
冰糖	3 顆
水	$1\frac{1}{2}$ 杯
醋	少許
紹酒	1/4 杯
五香粉	1 茶匙
孜然粉	少許
花椒	數粒
八角	2 粒
香葉	2 塊

步驟

1 將豬手洗淨後，放入冷水煮，水煮沸時即拿出。

2 用廚紙抹乾豬手後，用老抽塗勻表面。

3 用白鑊慢火爆香蒜頭、蔥、薑及指天椒。加入豬手，煎炸至表面呈金黃色，備用。

4 把所有燜汁拌勻，用鑄鐵鍋加熱。

5 加入豬手略炒至滾起。

6 把鑄鐵鍋放進已預熱蒸焗爐，選擇「蒸氣」煮食模式，以 110℃ 蒸煮 1 小時；將豬手反轉蒸煮多 1 小時。及後，選擇「全功能蒸焗」煮食模式，以 180℃ 正反兩邊各蒸焗 20 分鐘。

7 先放小唐菜舖墊在碟底，把豬手放在小唐菜上面。把燜汁倒起 2 碗，用明火加熱收汁。可按個人喜好加入生抽、糖、醋及生粉芡。把燜汁淋在豬手上即成。

— 主廚 — 蒸焗料理小秘訣

① 可用西蘭花或紹菜代替小唐菜。

份量
2 人
操作模式
蒸氣模式
配件位置
第 4 層
煮食時間
約 45 分鐘
使用配件
鑄鐵鍋

香橙三文魚

有些朋友只會熟食三文魚，怕刺身的會不合衛生，這道香橙三文魚就適合以上人士，而且果香濃郁，大家不妨一試。

> 主廚 Marcus Ho <

材料

冰鮮三文魚柳（連皮） 2 件
中小型薯仔 ······ 1-2 個
洋蔥 ······ 1 個
紅蘿蔔 ······ 1 條
橙 ······ 1/2 個
橄欖油 ······ 3 湯匙
香草或迷迭香 ······ 2 條

醃料

鹽 ······ 2 茶匙
黑胡椒 ······ $1\frac{1}{2}$ 茶匙
乾迷迭香 ······ 少許
新鮮香草 ······ 2 條
（或可用迷迭香）

準備

1. 烹調前一晚用保鮮袋醃好三文魚放進雪櫃。
2. 烹調前一小時取出三文魚放室溫。
3. 紅蘿蔔及薯仔切粒（約 2 厘米 X 2 厘米）。
4. 洋蔥切成一圈圈幼條。
5. 橙切片，再一開 2 或 4 小塊 。

步驟

1 開大火，鑄鐵鍋稍熱後落橄欖油；炒香洋蔥、紅蘿蔔及薯仔至半熟。

2 上面放一層橙片。

3 橙片上再放三文魚，大火煮兩分鐘，不要蓋鑄鐵鍋。

4 離火，三文魚上再放一層橙片及新鮮香草，蓋上鑄鐵鍋。

5 開啟蒸焗爐以蒸煮模式，以 50c 蒸 30 分鐘。完成後把少許橄欖油淋在魚上，即大功告成。

— 主廚 —
蒸焗料理小秘訣

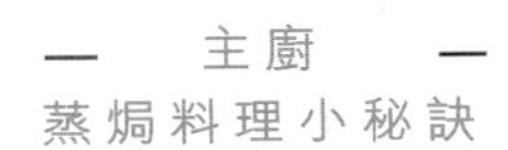

① 如用野生三文魚柳效果更佳。
② 個人用的是 18 吋鑄鐵鍋，不同品牌的鍋具，蒸焗時間可能稍為不同。

份量
4人
操作模式
加強熱風對流
配件位置
第4層
煮食時間
45分鐘
使用配件
焗盤

威靈頓牛肉卷

威靈頓牛肉卷是著名英國菜，一般只有高級西餐廳及酒店才有提供，其實只要有合適器材，大家也可以 DIY。

> 主廚 Canary Tang <

材料

美國穀飼牛柳……2 公斤
蘑菇……適量
巴馬火腿……8 片
酥皮……1 塊
百里香……適量
黑椒和鹽……適量
白酒……適量

牛肉步驟

1 將牛柳用保鮮紙包緊，放雪櫃冷藏一晚。煎煮前將牛柳放室溫至略軟身，燒熱鐵鑊，牛柳加適量鹽、黑椒和百里香調味後落鑊，將四周煎至金黃，完成後以錫紙包約 20 分鐘，期間要保留流出的肉汁。

2 將切粒 / 片的蘑菇用牛油蓉細慢火炒熟，期間加少許白酒，適量調味，直至白酒和其他水份揮發。

3 牛柳外層放上蘑菇，再用火腿包裹，最後再用酥皮包住整件牛柳。

4 如有時間可把牛柳放回雪櫃，否則可直接放在已塗上蘑菇醬的酥皮上再捲好。

5 在酥皮上用刀剮出自己喜歡的花紋。

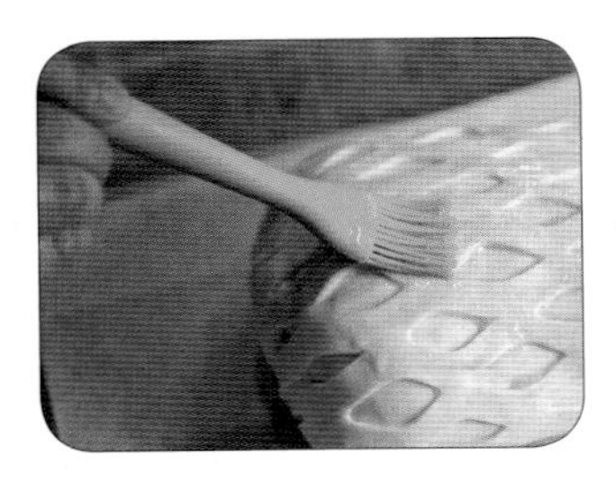

6 酥皮上蛋液後，放入 200℃焗爐以「加強熱風對流」煮食模式焗大約 20 至 25 分鐘，直至酥皮金黃。

紅酒汁步驟

1 用來煎牛柳鐵鑊不用清洗，並再度燒熱，將牛柳汁液補回鑊中，加入百里香莖，煮滾後再放入牛油。

2 倒入適量紅酒，直至汁液濃縮至你喜歡的程度。

3 如希望紅酒汁再為厚身一些，可加入適量麵粉。

— 主廚 — 蒸焗料理小秘訣

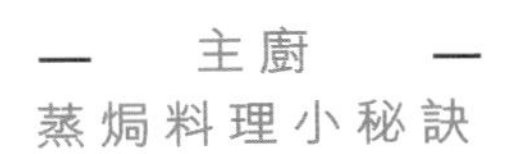

① 除了牛柳外，時下超市的煙三文魚也價廉物美，大家可以選購及以相同方式烹調。

小秘訣

① 浸花膠的器具不可有油份，不然花膠會發不起。
② 蒸焗爐配備特大 1.1 公升儲水箱，可連續以 100℃蒸煮 180 分鐘，不需中途加水，是燉湯的最佳之選。

花膠鮑魚燉湯

大時大節過後，與家人喝著自家製的燉湯，滋補身體，倍感溫暖。
燉湯過程無需睇火，簡單易做。

> 主廚 Joanie Po <

材料

花膠	3-5 隻
蔥	1 小束
薑	2 片
鮮南非鮑魚	8-10 隻
細竹絲雞	1 隻
肉眼	1 斤
金華火腿	數片
蓮子	20 克
茨實	20 克
淮山	20 克

調味料

鹽	適量

步驟

1. 將蔥鋪在平碟上，放上花膠，再鋪上薑片，放入蒸焗爐，選擇「蒸氣」煮食模式，以 100℃蒸煮 20 － 40 分鐘，再用凍滾水泡浸過夜。
2. 鮑魚用牙刷擦洗乾淨，去殼去內臟備用。
3. 蓮子、茨實和淮山洗淨備用。
4. 肉眼、竹絲雞分別洗淨；竹絲雞切半汆水。
5. 將所有材料放入湯鍋中，加入適量水。
6. 將燉湯放入已預熱蒸焗爐，選擇「蒸氣」煮食模式，以 100℃燉 3 小時。食用前加入鹽調味即成。

小秘訣

① 如想更濃味，醃鴨腿時，可加入花椒、香果、香草調味。
② 可用橄欖油代替鴨油。
③ 煮鴨腿亦可選擇「蒸氣」煮食模式，以95℃蒸煮5小時。但鴨腿必須放入存氣煲內，以防水氣入煲。

油封鴨腿

油封鴨腿源自法國南部經典名菜，當然少不了預備功夫。多得惠而浦蒸焗爐的多種煮食模式，在處理繁複工序的時候也得心應手。

> 主廚 Paul Chung <

材料

鴨腿 ………… 2隻
鴨油 ………… 300-400克

調味料

即磨海鹽 ………… 1$\frac{1}{2}$ 湯匙
即磨白胡椒 ………… 1湯匙
黑胡椒 ………… 1/2湯匙

步驟

1. 鴨腿洗淨，用廚紙抹乾，將鹽、白胡椒及黑胡椒塗抹在鴨腿上，放入雪櫃冷藏1－2天。
2. 從雪櫃取出鴨腿，用清水洗去鹽、白胡椒及黑胡椒，用廚紙抹乾。
3. 將鴨油倒入鑄鐵鍋內，用明火將鴨油加熱至95℃成液體狀，放入鴨腿，鴨油要蓋過鴨腿面，蓋上蓋子。
4. 全鍋放入已預熱蒸焗爐，選擇「加強熱風對流」煮食模式，以120℃烤焗5分鐘；1小時後再以120℃烤焗5分鐘；重複烤焗步驟5次，5小時後取出鴨腿，放涼。
5. 放涼後，將鴨腿存放於雪櫃過夜。食用前，將鴨腿取出，放在燒烤架上，燒烤架放入蒸焗爐，架下放滴油盤。選擇「上下燒烤」煮食模式，以150℃燒烤15分鐘至金黃香脆即成。

份量：2人

操作模式：蒸氣模式

配件位置：第 4 層

煮食時間：22 分鐘

使用配件：蒸盤

小秘訣

① 蝦膠打起後，需冷藏至少半小時，使肉質更挺身，餡料亦更易於固定在蟹鉗上。

Recipe 10 百花蒸釀蟹鉗

> 主廚 Joanne Pang <

還記得只有在飲宴中，才能品嚐得到百花蒸釀蟹鉗。這道名貴菜式的做法簡單，而且蒸煮時間短。一人一件，滋味非常。

材料

肉蟹	1/2 斤
急凍蝦仁	1 包
肥豬肉	1 塊
蛋白	1 隻
急凍蟹鉗	1 包
芫荽	適量
蔥	適量

調味料

麻油	適量
胡椒粉	適量
鹽	適量

步驟

1. 肉蟹洗淨，放入已預熱蒸焗爐，選擇「蒸氣」煮食模式，以100℃蒸煮 10 分鐘。取出肉蟹，放涼，拆肉備用。
2. 蝦仁解凍，切碎，將蝦仁打至起膠，放入雪櫃冷藏半小時備用。
3. 肥豬肉切碎，加入蟹肉、蝦膠、蛋白、芫荽、蔥和調味料，拌勻製成餡料。
4. 取出適量餡料包裹在蟹鉗上，成雞蛋形，微微握實。
5. 把蟹鉗整齊排放在蒸盤上，放入已預熱蒸焗爐，選擇「蒸氣」煮食模式，以 100℃蒸煮 12 分鐘即可。
6. 出爐後，可灑上少量芫荽和蔥。

小秘訣

① 可視乎個人口味，於材料中加入辣椒蓉。做法是將辣椒切粒，蔥切碎，然後略拌便可。
② 可用雞腿肉代替鮮雞。
③ 110℃高溫蒸煮肉類，能更有效封存鮮味及營養，令烹調更出色。

川味手撕口水雞

> 主廚 Connie Kwok <

手撕與刀切的雞肉，口感確實有別。以下的食譜加入多種辛辣調味，豐富了味道的層次，不論熱食或作凍盤也同樣滋味。

材料

鮮雞 …… 1 隻
薑 …… 6 片
蔥 …… 3 條

香油材料

油 …… 6 湯匙
薑片（去皮）…… 6 塊
蔥（切段）…… 3 條
蒜頭（去衣）…… 8 粒
八角 …… 3 粒
花椒 …… 少許
桂皮 …… 少許

醬汁材料

花生 …… 1/2 碗
辣椒粉 …… 1/2 湯匙
芝麻 …… 1 湯匙
蒜蓉 …… 1/2 湯匙
薑蓉 …… 1/2 湯匙

調味料

花生醬 …… 3 湯匙
生抽 …… 少許
香醋 …… 少許
糖 …… 少許
麻油 …… 少許

步驟

1 雞洗淨，把薑、蔥放入雞肚內，然後放上蒸盤。
2 將蒸盤放入已預熱的蒸焗爐，選擇「蒸氣」煮食模式，以 110℃蒸煮約 40 分鐘。
3 出爐後，放涼 15 分鐘。用手撕開雞肉。
4 將油倒在焗盤上，放入香油材料，鋪平。選擇「熱風對流」煮食模式，以 220℃烤焗 15 分鐘。出爐後隔渣，留油備用。
5 準備醬汁。花生壓碎，加入辣椒粉、芝麻、蒜蓉和薑蓉拌成醬汁。
6 醬汁倒入熱香油中，加入花生醬拌成糊狀。再放入生抽、香醋、糖、麻油攪拌均勻。最後把醬汁淋上雞肉上即成。

小秘訣

① 蒸雞汁不夠時，可加入凍滾水拌勻便可。
② 想雞肉質感嫩滑，可縮短蒸煮時間，再加長焖焗時間便可。
③ 雞件拌入醉雞汁後，冷藏過夜，味道更佳。

醉雞

烹調雞肉時，難免會擔心時間過長，令肉質變老；有了惠而浦蒸焗爐的自設時間控制火候，便輕鬆得多了。

> 主廚 Joanne Cheng <

材料

- 冰鮮雞 …… 1 隻
- 薑 …… 數片
- 蔥 …… 2 條

調味料

- 鹽 …… $1\frac{1}{2}$ 湯匙
- 杞子 …… 少許
- 糟鹵 …… 200 毫升
- 花雕 …… 100 毫升
- 蒸雞汁 …… 50 毫升

步驟

1. 冰鮮雞洗淨，用廚房紙抹乾。在雞身塗抹鹽略醃；雞腔放入薑蔥。
2. 將雞放入已預熱蒸焗爐，選擇「蒸氣」煮食模式，以 100℃ 蒸煮 35 － 40 分鐘。完成後，不用立即打開爐門，再焗 15 分鐘。
3. 出爐後，放涼，蒸雞汁備用。
4. 杞子用熱水浸泡數分鐘。
5. 將蒸雞汁混合糟鹵、花雕、杞子攪拌均勻成醉雞汁。
6. 將雞斬件後，拌入醉雞汁，冷藏數小時，即可。

小秘訣

① 能精準地調校蒸焗爐的時間和溫度，更容易掌握蒸蛋的軟滑程度。

花雕蟹蒸水蛋

要蒸出完美無瑕的水蛋，蒸煮時間及火候要掌握得宜，水蛋才會平滑如鏡。現交由惠而浦蒸焗爐處理，蒸出滑溜水蛋也會變得容易。

> 主廚 Elvina Li <

材料

花蟹 1 隻
蛋 2 隻

調味料

花雕酒 2 湯匙
蔥 1 條
鹽 少許
水 少許

步驟

1. 花蟹洗淨，斬成 8 件，保留蟹蓋。
2. 用花雕酒浸蟹 5 分鐘，將花蟹放上碟 ，再放入已預熱蒸焗爐，選擇「蒸氣」煮食模式，以 100℃ 蒸煮 15 分鐘。
3. 出爐後，取出花蟹。將餘下的蟹汁，加入雞蛋、鹽和水拌勻成蛋液。
4. 將蛋液倒在花蟹上，選擇「蒸氣」煮食模式，以 100℃ 蒸煮約 8 － 10 分鐘至蛋液凝固。
5. 最後灑蔥絲伴碟即成。

小秘訣

① 中蝦放在燒烤架上，烤焗時受熱更平均。

蒜蓉淮鹽蝦

> 主廚 Connie Kwan <

想在過時過節的時候，以簡單的海鮮菜式招呼朋友嗎？蒜蓉淮鹽蝦實在是毫不遜色啊！ 預備的材料不多，製作簡易，兩三個步驟便能完成了。

材料

中蝦	450 克

調味料

花雕酒	1 湯匙
生抽	1 茶匙
油	2 茶匙
蒜蓉	$1\frac{1}{2}$ 茶匙
淮鹽	少量

步驟

1. 中蝦洗淨，去腸；用花雕酒、生抽略醃。
2. 將醃好的中蝦加入油拌勻；放入已預熱蒸焗爐，選擇「熱風對流」煮食模式，以 200℃烤焗 6 分鐘。
3. 將中蝦取出，加入蒜蓉及淮鹽拌勻，再放入蒸焗爐，選擇「熱風對流」煮食模式，以 200℃烤焗約 8 分鐘，直至中蝦轉色便可。

小秘訣

① 將春雞冷藏至少半日，會更入味。
② 除調味料外，亦可將蔬菜、薯仔或意大利飯放入春雞肚內。做法先用雞湯將意大利米炒至半熟，加入牛油，將菇和黑松露醬炒勻，放入春雞肚內焗至熟透。注意烤焗春雞的時間需加長。
③ 「熱風對流」煮食模式可做成雞皮脆而不減肉汁充盈的效果。此外，蒸焗爐內的容量設計寬大，容納較大的雞隻均可。

黑松露醬焗雞

屋內彌漫著陣陣黑松露的香氣，經已叫人垂涎三尺。現在只需短短的時間，便能製作黑松露醬焗雞，是派對的必備美食之一呢！

> 主廚 Cobi Lui <

材料

法國春雞 …… 1 隻

調味料

黑松露醬 …… 4-6 茶匙
海鹽 …… 3 茶匙
黑胡椒 …… 3 茶匙
蒜蓉 …… 2 茶匙
牛油 …… 4-6 片
蜜糖 …… 少量

步驟

1 解凍法國春雞，用廚紙抹乾水份。
2 先從春雞的胸部開始，用小刀輕輕將雞皮與肉分割開，將黑松露醬放入皮與肉之間。
3 用海鹽和黑胡椒幼粒醃全隻春雞。蒜蓉、黑胡椒粒和海鹽放入雞腔內。把春雞放在雪櫃冷藏過夜。
4 從雪櫃取出春雞，解凍至室溫。將牛油切片，放入春雞內，約黑松露醬上面位置。
5 用繩綁好雞腿末段。雞翼尖及雞腿用錫紙包好，放入蒸焗爐底層。
6 將春雞放入已預熱蒸焗爐，選擇「熱風對流」煮食模式，以 180℃烤焗 10 － 15 分鐘；將春雞反轉，烤焗 10 － 15 分鐘。最後塗上蜜糖，再烤焗 2 － 3 分鐘或至金黃色即可。

家鄉蒸蟹餅

> 主廚 Elvina Li <

製作蟹餅，可以煎香之外，蒸的方法也健康一點呢！蟹膏肉餅拌飯吃，定會胃口大開。

材料

青蟹	1 隻
梅頭肉	150 克
鮮蝦肉	150 克
雞蛋	2 隻

調味料

鹽	少許
九層塔	2-3 片
蒜蓉	20 克

步驟

1 青蟹洗淨，斬成 8 件，保留蟹蓋。
2 九層塔切成細碎。
3 鮮蝦去殼，去腸，與梅頭肉切碎。
4 將蝦肉放入大碗內，加入鹽、蒜蓉和雞蛋，以順時針方向攪拌至起膠，加入九層塔碎，輕輕拌勻。
5 預備大碟，放上切好的蟹件，再放上蝦膠，最後放入蟹蓋。
6 放入已預熱蒸焗爐，選擇「蒸氣」煮食模式，以 100 ℃ 蒸煮 25 分鐘。

小秘訣

① 炆好牛腩和牛筋後才切件，可減少縮水的情況。

五香炆焗牛筋、牛肚

炆焗牛筋牛肚講求的是入味。要入味，時間總少不了。經過一輪的預備功夫，接下來的便可交由惠而浦蒸焗爐，全程無需看顧爐火，輕鬆多了！

主廚 Mon Li

材料

急凍牛筋 ··· 1/2 磅
急凍牛肚 ··· 1/2 磅

炆焗調味料

薑片 ········· 2 片
蔥 ········· 2 棵
南乳 ········· 1/2 磚
柱侯醬 ········· 3 湯匙
磨豉醬 ········· 2 湯匙
豉油 ········· 2 湯匙
玫瑰露 ········· 1 湯匙
冰糖 ········· 2 粒

醃料

薑片 ········· 數片
蔥 ········· 數棵
燒酒 ········· 2-3 湯匙

煲魚湯袋材料

桂皮 ········· 2 片
甘草 ········· 3 片
香葉 ········· 3 片
八角 ········· 2 粒
花椒 ········· 1 湯匙
草果 ········· 1 粒

步驟

1. 將牛筋和牛肚用薑、蔥和燒酒汆水半小時，取出瀝乾。牛筋和牛肚用刀刮淨，洗淨。
2. 煮沸熱水，熄火放入牛筋和牛肚，蓋上蓋子至水變冷，然後重覆此步驟一次。
3. 將牛筋和牛肚取出，倒掉水份。燒熱鐵鑄鍋，下油爆香薑和蔥，放入牛筋和牛肚略炒；再放入南乳、柱侯醬、磨豉醬、豉油和玫瑰露略炒；加入熱水至蓋過食材；將湯料輕拍並放入煲魚湯袋內紮緊放入鍋內。最後放入冰糖調味，蓋上蓋子。
4. 將蒸焗爐預熱至 200℃，然後放入鐵鑄鍋，選擇「全功能蒸焗」煮食模式，以 180℃ 蒸焗 1 小時 45 分鐘。取出後，將餘下水份，用明火煮至收汁。將醬汁淋在牛筋和牛肚面上，即成。

自家製叉燒

燒味之中以叉燒最為普及，自家製的好處，是肉質肥瘦、口味濃淡都可以自己作主。

> 主廚 Elvina Li <

材料

豬梅頭肉 …… 約 400 至 500 克

調味料

鹽 …… 1 湯匙
糖 …… 4 湯匙
雞粉 …… 1/4 茶匙
雞蛋 …… 1 隻
乾蔥 …… 2 粒
蒜 …… 2 瓣
芫茜頭 …… 1 棵
豆豉 …… 1 湯匙（剁碎）
玫瑰露酒 …… 1/2 茶匙
麥芽糖 …… 4 湯匙
薑蓉 …… 少量

步驟

1. 準備醃肉調味料。先爆香乾蔥、蒜蓉、芫茜頭及豆豉。再加入糖、鹽、天然雞粉及雞蛋。拌勻後室溫發酵 6 小時。
2. 第二天，將玫瑰露酒混入發酵好的調味料內，醃半小時或以上。
3. 梅頭肉切成長塊狀（約 400-600 克），以有肥有瘦為佳。
4. 將調味料加入梅肉頭肉中，醃 45 分鐘至 1 小時（不要超過 1.5 小時），最少 30 分鐘。
5. 以 180 ℃預熱焗爐，放入醃好之梅頭肉，以「加強熱風對流」模式焗 30 分鐘，翻轉另一面再度焗 15 分鐘，取出。
6. 麥芽糖以少量水煮溶，然後塗在叉燒上。
7. 再放入蒸焗爐以「上下燒烤」模式焗 15 分鐘。再取出在另一面塗麥芽糖，繼續焗 15 分鐘即成。
8. 烤好後，掃上麥芽糖，美味的自家製叉燒完成。

小秘訣

① 如想五花腩更入味，先蒸 1.5 小時放涼入雪櫃，隔天再蒸 1.5 小時。

梅菜扣肉

梅菜扣肉是傳統平民豬肉菜餚，也是客家名菜，由於煮出來的肉汁鮮美，所以是伴飯名物。

> 主廚 Resand Lau <

材料

五花腩 2 斤（洗淨及浸水 5 分鐘）
甜梅菜 3 棵（洗淨浸水換水數次，直至去除沙泥）

五花腩調味料

鹽 ⋯⋯ 2 茶匙
薑片 ⋯⋯ 4 至 5 片
葱 ⋯⋯ 2 條

梅菜調味料

蒜 ⋯⋯ 1 粒
冰糖 ⋯⋯ 1 小粒
蠔油 ⋯⋯ 1 湯匙
水 ⋯⋯ 適量
料酒 ⋯⋯ 少許
老抽 ⋯⋯ 1 湯匙

步驟

1. 五花腩浸水 5 分鐘後，清水加鹽、薑和葱煮 25 分鐘，完成後抹乾水放涼。
2. 清洗梅菜並讓它乾水，除去菜頭表面硬皮，全部切粒。
3. 白鑊下梅菜粒略炒至乾身，有香味後下油、蒜、料酒、蠔油、老抽，略炒後加水蓋過梅菜面，加冰糖，慢火炆 20 分鐘。
4. 把已放涼的五花腩豬皮刺孔，抹乾水份，起鑊下油略煎四面，放涼切件為半吋厚 1 件。
5. 用圓型平底大湯碗 1 隻，五花腩皮向下整齊排入碗中，放梅菜連汁鋪面，中間放 1 粒八角。
6. 錫紙蓋面，以「蒸氣」模式 100 ℃蒸 3 小時，完成。

Part 4
惹味飯麵篇

份量 4人

操作模式 蒸氣模式

配件位置 第4層

煮食時間 30分鐘

使用配件 燒烤架

臘味荷葉飯

荷葉飯是廣東特色菜餚之一，荷香味濃，根據維基百科資料，它最早出現於南北朝至明末時期，大家要將它傳承下去哦。

主廚 Elvina Li

材料

荷葉	2 塊
蝦米	40 克
乾瑤柱	5 粒
冬菇	7 隻
臘腸	2 條
白飯	6 碗
薑粒	1 湯匙
蒜頭	5 至 6 小粒
蔥頭	半個
蔥	2 湯匙

汁料

老抽	1 湯匙
生抽	3 湯匙
蠔油	1 茶匙
麻油	少許
白胡椒	1/2 茶匙
糖	少許
鹽	少許
水	2 湯匙

裝飾

芫荽	1 棵
蔥花	少許

準備

1. 用水先浸軟蝦米、乾瑤柱、冬菇；燒一大鍋熱水，荷葉汆水數分鐘至軟身，取出瀝乾備用。
2. 將蝦米切粒、乾瑤柱撕開成絲、冬菇去蒂切片；臘腸切片；薑、蒜頭、蔥頭、蔥切幼粒備用；老抽、生抽、蠔油、麻油、胡椒粉、鹽、糖、水拌勻成汁料備用。

步驟

1 燒熱油鑊，料頭爆香，加入臘腸炒至逼出油光，再加入蝦米、乾瑤柱絲、冬菇，加入蔥花快炒。

2 倒入汁料稍煮。

3 倒入白飯炒熱。

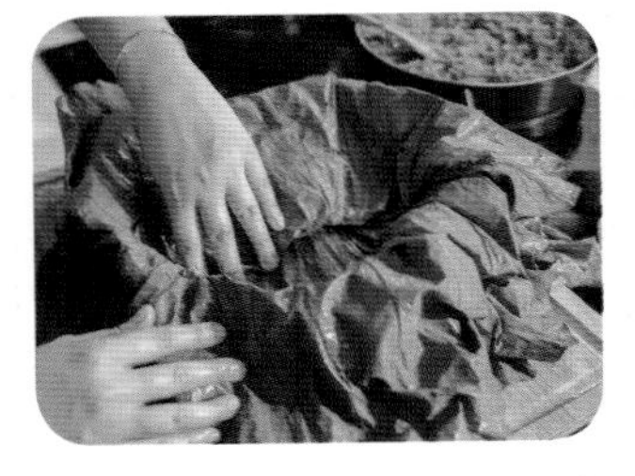

4 荷葉置在大碟中，將炒好的飯置於中央，包好後再用第二塊荷葉反面包一次。

5 準備蒸爐，水大滾後，放入荷葉飯用大火以「蒸氣」模式蒸 30 分鐘，取出剪出開口加上裝飾即成。

主廚 蒸焗料理小秘訣

① 臘腸是荷葉飯靈魂之一，特別適合入秋後食用，喜歡的話也可加入潤腸或臘肉。

份量
4 人
操作模式
熱風對流
配件位置
第 4 層
煮食時間
10 分鐘
使用配件
燒烤架

乾炒牛河

主廚 Elvina Li

雖然乾炒牛河屬高熱量的食物，但美食當前怎能抗拒呢！現在只要採用惠而浦蒸焗爐的「熱風對流」煮食模式，自己控制所需油份，便可放心盡情吃。

材料

- 半肥瘦牛肉 …… 150 克
- 韮王 …… 50 克
- 河粉 …… 400 克
- 銀芽 …… 50 克

調味料

- 生抽 …… 2 茶匙
- 鹽 …… 少許
- 糖 …… 1/2 茶匙
- 生粉 …… 1 茶匙
- 油 …… 1 茶匙
- 水 …… 2 茶匙

醬汁

- 生抽 …… 2 茶匙
- 老抽 …… 1 茶匙
- 紹興酒 …… 1 茶匙

步驟

1 將新鮮牛肉逆紋切片，用生抽、鹽、糖、生粉、水攪拌均勻，醃 15 分鐘。

2 韮王洗淨切段，分成兩份；河粉散開，備用。

3 將炒鍋放入蒸焗爐一同預熱至 230℃，將油噴上炒鍋。將其中一份韮王在炒鍋上略炒，連同牛肉放入已預熱焗爐，選擇「熱風對流」煮食模式，以 230℃ 烤焗 5 分鐘。中途可打開爐門將牛肉反轉。

4 將河粉倒入炒鍋中，加入醬汁拌勻。放上另一份韮王及芽菜，選擇「熱風對流」煮食模式，以 230℃ 烤焗 5 分鐘即可。

主廚 蒸焗料理小秘訣

① 炒河粉時，可用長夾及帶上隔熱手套輔助，避免被爐溫燙傷。
② 當炒鍋於蒸焗爐持續受熱後，可作煎鍋用途。

份量
1人
操作模式
熱風對流
配件位置
第4層
煮食時間
40分鐘
使用配件
燒烤架

一口和牛鐵板飯

若然未有充裕時間大顯身手，不如來個快速料理。肉質軟腍的和牛，配上白飯，簡單而美味的一餐便展現眼前。

> 主廚 Sandy Chung <

材料

和牛粒 ………… 200 克
洋蔥 ………… 1/4 個
粟米粒 ………… 少許
蔥花 ………… 少許
日式飯素 ………… 少許
白飯 ………… 1 碗

調味料

鹽 ………… 少許
黑胡椒 ………… 少許
日式燒烤汁 ………… 適量

步驟

1 將飯蒸好，備用。

2 和牛粒用廚房紙印乾水份，加入鹽和黑胡椒醃約數分鐘，備用。

3 洋蔥切絲備用。

4 將炒鍋放入蒸焗爐預熱，選擇「熱風對流」煮食模式，預熱 200℃。然後取出炒鍋，放入和牛粒和洋蔥絲略炒。

5 將炒鍋放入蒸焗爐，選擇「熱風對流」煮食模式，以 200℃ 烤焗約 10 分鐘。出爐後淋上日式燒汁。炒鍋中央放上白飯、飯素、粟米粒和蔥花裝飾後即成。

— 主廚 —
蒸焗料理小秘訣

① 在炒洋蔥絲與和牛粒時，和牛粒會出油份，因此無需下油。

份量
3 人
操作模式
熱風對流
配件位置
第 2 層
煮食時間
10 分鐘
使用配件
燒烤架

鱔糊脆焗炒麵

從前只有外出用餐才能吃得到脆麵；現在可隨時在家裡製作！
脆口彈牙的全蛋麵配以炒香的黃鱔，淋上濃油赤醬，確實惹味。

> 主廚 Natalie Lin <

材料

黃鱔	$1\frac{1}{2}$ 斤
韭王	1/2 斤
薑	3 片
蔥	1 條

蛋麵材料

全蛋麵	3 個
油	少許

調味料

油	4 湯匙
紹興酒	2 湯匙
熱水	1/3 杯
老抽	3 湯匙
糖	1/2 湯匙
白胡椒粉	少許
生粉	1 茶匙
水	1 湯匙
蒜蓉	1 湯匙
蔥花	1 湯匙
麻油	3 湯匙
薑絲	少許
芫荽	少許

步驟

1 把全蛋麵放入沸水中煮至熟透，瀝乾水份，加入油拌勻，並將全蛋麵平均放於烤盤上。

2 將全蛋麵放入已預熱蒸焗爐，選擇「熱風對流」煮食模式，以 230℃烤焗 10 分鐘至金黃色。

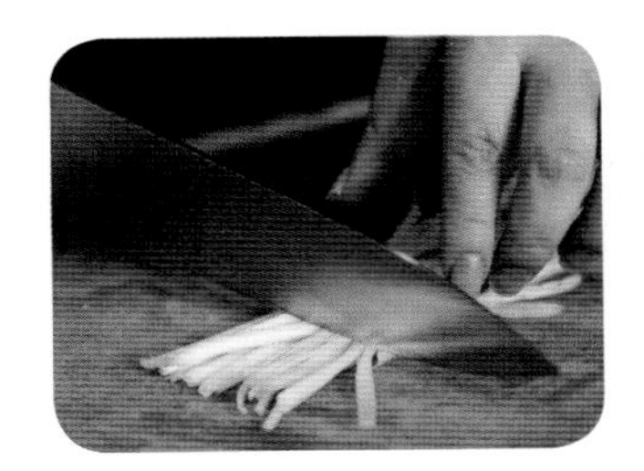

3 將黃鱔、韭王洗淨，切段備用。

4 熱鑊下油，爆香薑、蔥後取出，留油放入黃鱔，加入紹興酒用大火炒。

5 倒入熱水、老抽、糖、白胡椒粉炒勻，轉中火煮至入味。

6 拌入生粉水勾芡，再轉大火，加入韭王炒勻後放在脆麵上。再放上蔥花、蒜蓉，然後淋上熱麻油。最後放上薑絲、芫荽即成。

主廚 蒸焗料理小秘訣

① 焗蛋麵不能放太厚，否則麵底不夠脆。

② 用「熱風對流」模式，可以令蛋麵更脆口。

份量
3-4 人
操作模式
熱風對流
配件位置
第 3 層
煮食時間
45 分鐘
使用配件
燒烤架

芝士蕃茄焗豬扒飯

主廚 Anna Wong

芝士蕃茄焗豬扒飯是本港快餐名物之一，勝在醬汁香濃，伴隨炒飯令人十分開胃。既然是焗飯，蒸焗爐當然可以勝任，大家不妨先煮而後快。

材料

豬扒	3 塊
生粉	4 湯匙
雞蛋	5 隻
糖	少許
雞粉	少許
胡椒粉	少許
飯	3 碗
雞蛋	3 隻
鹽	少許
Mozzarella 芝士	按個人喜好增減

醬汁

洋蔥	1 個
乾蔥碎	3 粒
蒜蓉	1 茶匙
茄汁	3 湯匙
茄膏	1 湯匙
生抽	2 湯匙
糖	$1\frac{1}{2}$ 湯匙
黑椒碎	少許
蕃茄	3 個
雞湯	300ml
鮮醬油	5-6 滴
生粉水	適量

炒飯步驟

1. 雞蛋 3 隻拂勻備用。
2. 熱鑊落油，加入飯與已拂勻的雞蛋炒勻，落少許鹽便成，放入焗盤備用。

煎豬扒步驟

1. 雞蛋 2 隻發勻備用。
2. 豬扒洗淨用廚房紙吸乾水份，用刀背拍鬆後，落少許糖、雞粉及胡椒粉醃約 30 分鐘。
3. 預熱煎鑊落油，豬扒撲上生粉，再撲上蛋漿後落鑊煎兩邊至金黃色。
4. 將豬扒舖在炒飯上備用。

醬汁步驟

1. 洋蔥切絲及蕃茄切件。
2. 開鑊落油，將乾蔥、蒜蓉及洋蔥炒至半透。
3. 落茄汁、茄膏、生抽、糖及黑椒碎炒勻，再落雞湯及鮮醬油煮至 3-4 分鐘。
4. 加入生粉水炒勻，令醬汁杰身。
5. 落蕃茄煮約 5 分鐘。
6. 將醬汁淋在豬扒飯上，再灑上 Mozzarella 芝士。
7. 預熱蒸焗爐，以「熱風對流」模式 230℃ 焗 10 分鐘至芝士溶便成。

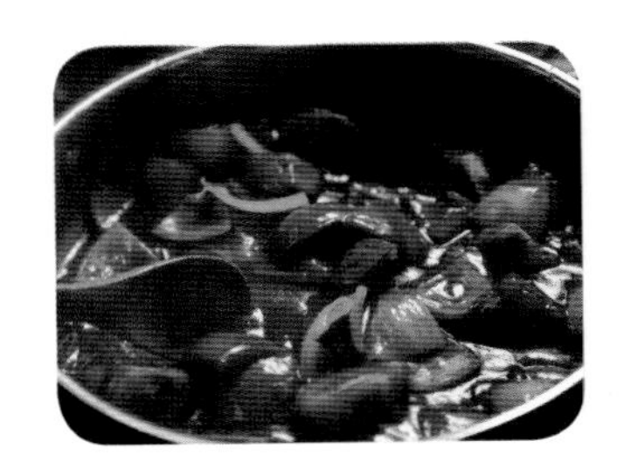

焗飯步驟

1. 焗盤放入炒飯、豬扒、再倒上醬汁。
2. 表面灑上芝士。
3. 以「熱風對流」模式 250℃ 焗 5 分鐘至芝士溶化後便完成。

份量：2人

操作模式：蒸氣模式

配件位置：第3層

煮食時間：55分鐘

使用配件：燒烤架、蒸盤

小秘訣

① 糯米浸泡後再洗一遍以去多餘的澱粉質。
② 糯米不用壓平，以維持米粒原狀更具口感。
③ 蒸焗爐設有特高110℃蒸煮火力，可縮短烹調時間，快捷煮出健康而美味的食物。
④ 可以燒烤模式代替鑊爆香材料。

臘味糯米飯

主廚 Mrs. Lo

吃糯米飯，總離不開喜歡糯米的黏韌口感。將糯米飯以蒸香代替炒香，可以確保糯米完全熟透，也健康一些。

材料

糯米	2杯
臘腸	2條
臘肉	1/2條
蝦米	1湯匙
乾蔥頭	2粒
花生	適量
芫荽	適量

調味料

煲仔飯豉油	適量

步驟

1. 糯米洗淨，用凍水浸泡4小時，選擇「蒸氣」煮食模式，以110℃蒸煮45分鐘。
2. 將臘腸和臘肉放在蒸盤上，放入蒸焗爐，選擇「蒸氣」煮食模式，以110℃蒸煮10分鐘，然後切粒。
3. 蝦米洗淨，落鑊用中火爆香，盛起。
4. 下油，用中火爆香乾蔥頭，盛起。
5. 放入臘腸、臘肉爆香。然後盛起與蝦米、乾蔥頭拌勻，放在糯米飯上。
6. 在糯米飯上淋上煲仔飯豉油，放入花生、芫荽，即成。

無油版 Neapolitan Pizza

Neapolitan Pizza 即拿坡里薄餅，源於義大利，正宗的是不會有生菠蘿的啦，而以下介紹的自家製作更是無油版，十分健康。

> 主廚 Aimee Cheung <

材料

材料	份量
高筋麵粉	250 克
水	150 毫升
鹽	4 克
速酵	1/2 克
紅椒	適量
九層塔	適量
芝士	適量
烤雞肉	適量

步驟

1. 把鹽放入水內溶解，然後加入 10% 的麵粉拌勻。
2. 加入速酵和拌勻。
3. 分數次加入剩餘的麵粉，並用手搓成圓形麵團。
4. 用半乾濕布舖蓋麵團，放於室溫稍息。
5. 排氣並滾圓，然後放入雪櫃過夜發至兩倍大。
6. 從雪櫃取出麵團後，需室溫回暖一小時。
7. 搓成 12 吋薄餅形狀，放上紅椒、九層塔、芝士及烤雞肉。
8. 將 Pizza Stone 放入焗爐內，以「上下燒烤」模式 230℃ 預熱焗爐 30 分鐘。
9. 放入薄餅後，以「熱風對流」模式 230℃ 焗 12-13 分鐘即成。

份量
3 人

操作模式
熱風對流
全功能蒸焗

配件位置
第 4 層

煮食時間
30 分鐘

使用配件
燒烤架

① 白米和清水比例為一比一。
② 如不想用臘味，可轉餸料如排骨。
③ 如想有飯焦，可以「熱風對流」多焗 10 分鐘。

臘味煲仔飯

在天寒地凍的時候，與家人來個暖胃的臘味煲仔飯，倍感幸福。沒有炭爐，在家裡採用蒸焗煮食模式來烹調，亦同樣滋味。

主廚 Elvina Li

材料

白米 ………… 1 杯
清水 ………… 1 杯
臘腸 ………… 1 條
潤腸 ………… 1 條
甜豉油 ………… 少許

步驟

1. 用「熱風對流」煮食模式預熱蒸焗爐。
2. 白米洗淨後用凍滾水泡浸 10 分鐘。
3. 將白米加入清水放入鐵鑄鍋，並放入已預熱蒸焗爐，選擇「全功能蒸焗」煮食模式，以 140℃ 蒸焗 10 分鐘。
4. 將臘腸和潤腸放在白米上，蓋上煲蓋，再放入爐，選擇「全功能蒸焗」煮食模式，以 140℃ 蒸焗 20 分鐘。
5. 完成後不要立即打開煲蓋，等 10 － 15 分鐘，令米飯更軟。再淋上甜豉油即成。

芝士焗龍蝦伊麵

主廚 Tracy Lau

這道芝士焗龍蝦伊麵是我家兩隻小魔怪最愛，值得一提是，煮食忌廉 Cream 和鹽都可用可不用，隨個人口味吧。

材料

龍蝦	隨意
伊麵	2 個細
牛油	隨意
蒜蓉	2-3 湯匙
薑蓉	少許
洋蔥	半個切粒
蔥花	少許
雞湯	1 細盒
車打芝士	3 塊
Mozzarella 芝士碎粒	1 包
煮食忌廉	半盒

步驟

1. 伊麵出水並煮至 8 成熟，撈起備用。
2. 牛油落鑊，炒香蒜、薑、洋蔥，炒至金黃。
3. 再落龍蝦爆香，令蝦膏釋放香味。
4. 落車打芝士煮溶後落雞湯，滾起後落煮食忌廉增加香滑口感，喜歡的也可加鹽。
5. 伊麵放焗盤底，再灑少許 Mozzarella 芝士碎粒，將煮好的龍蝦汁放上面，再灑上餘下的 Mozzarella 芝士碎粒。
6. 入爐啟動「熱風對流」模式，以 180℃ 25 分鐘煮至表面金黃，取出灑上蔥花後完成。

Part 5

精緻甜品篇

份量
2人
操作模式
熱風對流
配件位置
第 4 層
煮食時間
15 分鐘
使用配件
焗盤

玫瑰蘋果酥

閒時製作小心思給伴侶，相信定能令對方倍感愉悅。現在只要學懂幾個步驟，製作玫瑰形蘋果酥已不是難事，不妨試試呢！

> 主廚 Sandy Chung <

材料

紅蘋果 ………… 2個
酥皮 ………… 2塊

調味料

肉桂粉 ………… 少許
黃糖 ………… 少許
水 ………… 少許
糖霜（裝飾用） …… 少許

步驟

1 蘋果洗淨去核，連皮切片。

2 將蘋果片放入平底鍋，加入肉桂粉、黃糖和水，用小火煮蘋果片至稍微變軟，約1－2分鐘，再瀝乾水份，放涼備用。

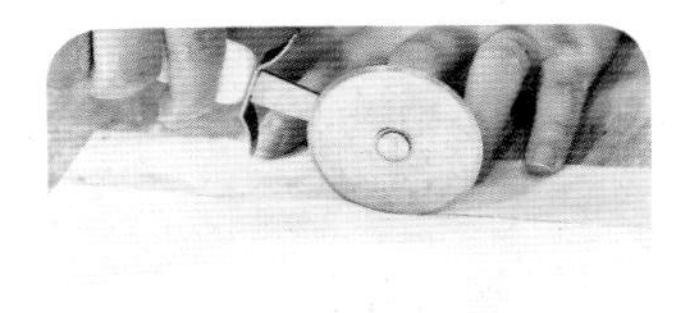

3 預先將酥皮裁成2.5厘米寬的條狀，每2條一組塗上蛋液接合成一長條。然後用叉刺出小孔。

4 將蘋果片排放在酥皮的上半部分，然後將酥皮對摺，並將酥皮由左捲向右成玫瑰形狀，放入模具中。

5 將玫瑰蘋果酥放入已預熱蒸焗爐，選擇「熱風對流」煮食模式，以180℃烤焗約15分鐘即可。完成後，可灑上糖霜裝飾。

— 主廚 — 蒸焗料理小秘訣

① 除紅蘋果外，可選擇青蘋果或梨代替。
② 蘋果切片後，可浸泡鹽水，防止氧化。

份量
8 個
操作模式
熱風對流
配件位置
第 4 層
煮食時間
15 分鐘
使用配件
焗盤
Bon appétit!
C'est l'heure
du goûter!
Le bonheur c'est le

伯爵茶蜂蜜小蛋糕

> 主廚 Heather Chan <

伯爵茶的味道特別，氣味與品嚐的滋味截然不同，苦和澀是這茶葉的特性之一。若然把伯爵茶的苦澀，混合蜂蜜的甜潤之中，這小蛋糕定會充滿驚喜！

材料

伯爵茶葉	10 克
低筋麵粉	90 克
泡打粉	4 克
無鹽牛油	90 克
雞蛋	2 隻
幼砂糖	50 克
蜂蜜	20 克
鹽	2 克

步驟

1 用攪拌機將伯爵茶葉打成粉末。

2 把低筋麵粉、泡打粉用濾網過篩備用。

3 無鹽牛油切小片，熱鑊下放牛油，用小火不斷攪拌至牛油呈啡色及有果仁香氣即離火。

4 於牛油溶液中加入已打好的茶葉粉末拌勻，備用。

5 將雞蛋及砂糖打至糖溶化。加入鹽及蜂蜜，攪至均勻。

6 分 3 次加入低筋麵粉及泡打粉，再加入茶葉和焦化牛油溶液，拌勻即可。

7 將蛋糕漿液慢慢倒入蛋糕模裡，約八成滿。

8 把蛋糕放入已預熱蒸焗爐，選擇「熱風對流」煮食模式，以 160℃ 烤焗約 15 分鐘，取出模具放涼即成。

— 主廚 —
蒸焗料理小秘訣

① 採用可烘焙蜂蜜，效果更佳。可於烘焙店內購買。
② 如有需要可將煮牛油的小鍋的底部浸泡在冰水，避免溶液變焦。

份量
4-6 人
操作模式
熱風對流
配件位置
第 2 層
煮食時間
15-18分鐘
使用配件
焗盤

無油炸鮮奶

雖然炸鮮奶的做法簡單，但其實想吃到這道美味甜點，地方不多。
現在就預備簡單的食材，跟著幾個步驟，親手做個無油版吧！

> 主廚 Lemon Lau <

鮮奶布丁材料

鮮奶 …… 500 克
糖 …… 45 克
粟粉 …… 60 克

炸粉材料

粟粉 …… 1/2 碗
雞蛋 …… 2 隻
麵包糠 …… 1/2 包

步驟

1 將鮮奶、糖、粟粉拌均，用中小火煮至濃稠，其間用木勺不停攪動以防粉類沉澱。

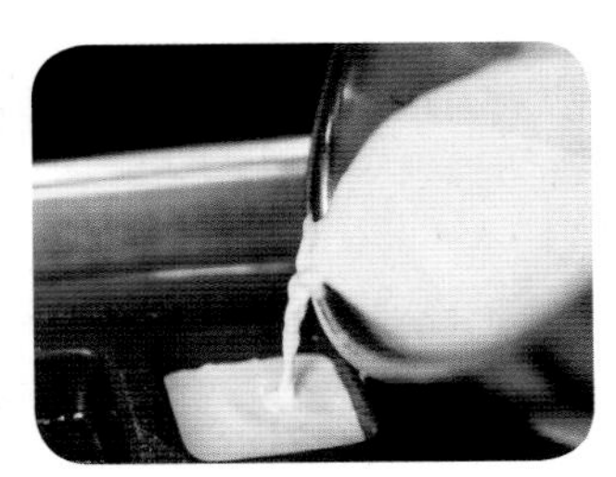

2 將奶漿倒入方形矽膠模中，蓋上保鮮紙，放入雪櫃冷藏 2 小時，令奶漿凝固成鮮奶布丁。

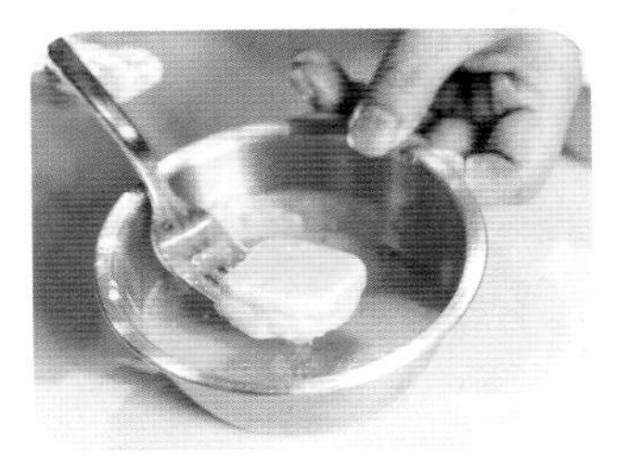

3 將鮮奶布丁依次序沾上粟粉、蛋和麵包糠。

4 將鮮奶布丁放入已預熱蒸焗爐，選擇「熱風對流」煮食模式，以 200℃ 烤焗 10 分鐘；反轉另一面再烤焗 5 － 8 分鐘即成。

— 主廚 —
蒸焗料理小秘訣

① 鮮奶布丁放入雪櫃時，必須用保鮮紙蓋面防止表面乾裂，影響外觀。

份量
2人
操作模式
熱風對流
配件位置
第 4 層
煮食時間
15 分鐘
使用配件
焗盤

蓮蓉西米焗布甸

兒時去茶樓，最期待的總是「茶後甜品」，一客布甸便樂上半天。
現在只需幾個步驟便能重拾令人懷念的味道！

> 主廚 Joanne Pang <

材料

西米 ...... 40 克

吉士醬材料

鮮奶 ...... 100 毫升
吉士粉 ...... 2 湯匙
雞蛋 ...... 1 隻

奶漿材料

鮮奶 ...... 150 毫升
花奶 ...... 50 毫升
砂糖 ...... 40 克
牛油 ...... 20 克

餡料

蓮蓉 ...... 40 克

步驟

1 把西米泡浸凍滾水 30 分鐘，再用中火煮 10 分鐘並加以攪拌。 熄火後蓋上蓋子焗至透明，然後過凍水，瀝乾備用。

2 製作吉士醬材料。順序把鮮奶、吉士粉和雞蛋拌勻備用。

3 將奶漿材料，用細火煮溶，然後倒入吉士醬，煮至濃稠；最後加西米。

4 將蓮蓉放於焗杯內，再倒入粉漿。

5 放入已預熱蒸焗爐，選擇「熱風對流」煮食模式，以 200℃ 烤焗 15 分鐘或表面呈現微黃即可。

— 主廚 —
蒸焗料理小秘訣

① 在煮沸西米的過程中，須不斷攪拌以防西米黏在一起。
② 粉漿倒入焗杯時，不可能倒太滿，以避免材料從杯中溢出，九成滿即可。
③ 除蓮蓉作餡料外，亦可選用豆沙。

份量
4人
操作模式
熱風對流
配件位置
第 4 層
煮食時間
15 分鐘
使用配件
焗盤
燒烤架

香蕉卷蛋

主廚 Lemon Lau

吃香蕉的好處多的是。在卷蛋中加入香蕉，香蕉內的天然糖分，可取代白糖使用；吃起來也更健康，是家中必備的甜點。

海綿蛋糕材料

蛋黃	4 隻
全蛋	1 隻
糖	12 克
牛奶	50 克
油	35 克
低筋麵粉	70 克
粟粉	10 克

蛋白霜材料

蛋白	4 隻
糖	35 克

餡料

鮮忌廉	250 毫升
幼砂糖	25 克
香蕉	2 - 3 隻

步驟

1. 製作海綿蛋糕。將蛋黃、全蛋和糖用打蛋器打發均勻，再加入油和牛奶拌勻。
2. 低筋麵粉和粟粉用濾網過篩，加入蛋黃漿內，攪拌至無粉粒狀態，備用。
3. 將蛋白用電動攪拌器打至起泡，分 3 次加入糖；蛋白打至挺身為止。
4. 把 1/3 的蛋白霜加入蛋黃漿內，稍為拌勻。再倒入餘下的蛋白霜，用切拌法慢慢拌勻。
5. 在焗盤上鋪上牛油紙，倒入蛋漿，輕輕搖平。
6. 放入已預熱蒸焗爐，選擇「熱風對流」煮食模式，以 140℃烤焗 15 分鐘。
7. 烤焗完成後，取出蛋糕片，反轉放於燒烤架上。為防面層乾裂，取新牛油紙覆蓋蛋糕表層，並蓋上蓋子放涼。
8. 製作餡料。將鮮忌廉和幼砂糖用打蛋器發打至挺身。
9. 將香蕉去皮，切開數小段。
10. 反轉蛋糕片，塗上忌廉和放上香蕉片，由左至右捲起，再用牛油紙包好，放進雪櫃冷藏 3 小時即可。

— 主廚 — 蒸焗料理小秘訣

① 待蛋糕放涼後才抹上忌廉，可避免忌廉溶化在蛋糕片上。
② 蛋糕待涼時，需用牛油紙蓋面防止表面乾裂，亦有助更易捲好蛋糕。
③ 除香蕉外，可因應個人口味嘗試不同水果作餡料，如士多啤梨、芒果等。

份量
6 人
操作模式
蒸氣模式
熱風對流
配件位置
第 4 層
煮食時間
23-30 分鐘
使用配件
蒸盤
焗盤

紫薯雲尼拿慕絲蛋糕

精緻的蛋糕令人愛不釋手，加上紫薯的獨特味道，令人再三回味。

> 主廚 Gloria Cheung <

蛋糕材料

雞蛋	250 克
乳化劑	13 克
糖	85 克
低筋麵粉	115 克
紫薯粉	20 克
菜油	12 毫升
水	12 毫升
紫色色素	少許

雲尼拿慕絲材料

魚膠片	8½ 克
淡忌廉	200 克
牛奶	100 毫升
糖	30 克
雲尼拿香油	1 茶匙

紫薯蓉材料

紫薯	150 克
淡忌廉	50 克

裝飾材料

食用金箔	1 小片

雲尼拿慕絲步驟

1. 魚膠片用水泡浸至軟身；用打蛋器將淡忌廉打至挺身。
2. 將牛奶和糖倒入小鍋，用小火煮溶糖，熄火；以小鍋的餘溫煮溶魚膠片，最後加入雲尼拿香油。
3. 加入淡忌廉輕輕攪拌，再放入雪櫃冷藏約 20 分鐘至忌廉挺身。

紫薯蓉步驟

1. 紫薯洗淨去皮，切簿片，放入已預熱蒸焗爐，選擇「蒸氣」煮食模式，以 100℃ 蒸煮 15 － 20 分鐘至軟身。
2. 用打蛋器將紫薯片和淡忌廉打至幼滑。

蛋糕步驟

1. 把雞蛋、乳化劑和糖用打蛋器攪拌至挺身糊狀。
2. 低筋麵粉過篩，將紫薯粉倒入雞蛋糊中，用打蛋器攪拌至挺身。
3. 慢慢倒入菜油及水，攪拌均勻，再逐少加入紫色色素至理想顏色。
4. 在焗盤上鋪上牛油紙，倒入麵糊，再均勻推平約 1.5 厘米高。
5. 將焗盤放入已預熱蒸焗爐，選擇「熱風對流」煮食模式，以 160℃ 烤焗 8 － 10 分鐘。完成後撕去牛油紙放涼。
6. 用圓形模將蛋糕刴成圓形，切去蛋糕金黃表面備用。
7. 將圓形蛋糕放入模具底部，倒入雲尼拿慕絲，再鋪上一塊蛋糕（不要太大力按壓，以免慕絲漏出），放入雪櫃冷藏至少 4 小時。

裝飾

1. 冷藏後，拿出蛋糕，用火槍向模具快速燒一圈約 2 秒，以便脫出模具。
2. 將紫薯蓉放入唧袋，於蛋糕頂部唧一圈，利用牙籤將少許食用金箔放置頂部裝飾。

— 主廚 — 蒸焗料理小秘訣

① 使用火槍的速度需快，以免雲尼拿慕絲變溶。以熱毛巾熱敷替代火槍亦可。

份量
4人
操作模式
蒸氣模式
配件位置
第4層
煮食時間
30-35分鐘
使用配件
蒸盤

粟米南瓜鮮奶西米露

南瓜素來都是百搭的食材，配搭粟米、鮮奶和西米，搖身一變，成為創新的健康糖水！

主廚 Miyuki Lam

材料

西米	6－8 湯匙
新鮮粟米	2－3 條
南瓜（切粒）	1/2 個
水	800 毫升
鮮奶	300 毫升
冰糖	適量

步驟

1 將西米放入湯碗中加入 400 毫升水，置湯碗於蒸盤上，選擇「蒸氣」煮食模式，以 100℃蒸約 15 分鐘，讓材料置於蒸焗爐內燜焗 5 分鐘後取出。

2 南瓜、粟米放入蒸盤中，選擇「蒸氣」煮食模式，以 100℃蒸約 15 分鐘後，讓材料置於蒸焗爐內燜焗 5 分鐘後取出，粟米起粒。

3 西米盛起，放入凍水中洗去表面膠質，再隔水備用。

4 將蒸熟的南瓜加入 400 毫升水放入攪拌機打成蓉。

5 將南瓜蓉、粟米粒及鮮奶放入已預熱蒸焗爐，選擇「蒸氣」煮食模式，以 100℃煮約 15 分鐘後，最後加入已蒸的西米、冰糖拌勻便可。

— 主廚 —
蒸焗料理小秘訣

① 在處理南瓜及粟米時，比起煲內煮滾，採用「蒸氣」煮食模式更能鎖住食物營養、保存色澤。

份量
4人
操作模式
上下燒烤
配件位置
第 3 層
煮食時間
65 分鐘
使用配件
燒烤架

古早味蛋糕

近年古早味蛋糕專賣店其門如市，其實只要活用蒸焗爐，也可自行製作這款口感綿密、蛋味香濃的臺灣風味甜點，開始時記緊先預熱蒸焗爐至 150℃。

> 主廚 Lemon Lau <

蛋糕模（6 吋）

蛋黃漿材料

植物油 50 克
低筋麵粉 60 克
蛋黃 4 隻
鮮奶 40 克

蛋白漿材料

蛋白 4 隻
鹽 6 毫克
砂糖 45 克

步驟

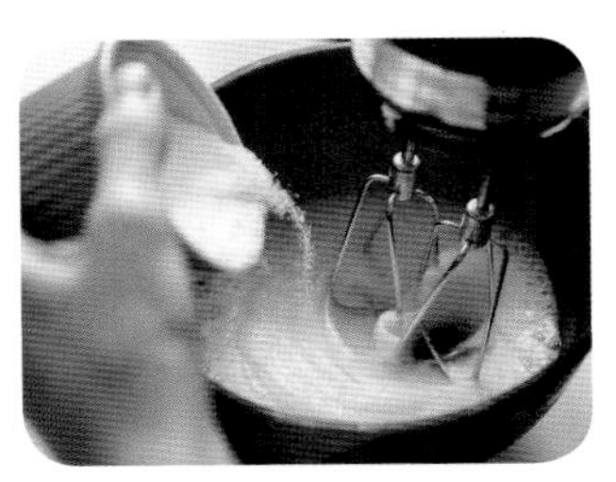

1 蛋黃漿：慢火煮植物油至有紋路，加入低筋麵粉、鮮奶、蛋黃，攪拌至順滑狀態。

2 蛋白漿：蛋白加鹽打至起泡，分三次加糖打至濕性發泡。

3 先把 1/3 的蛋白漿加入蛋黃漿輕手拌勻，再把餘下的全部輕手拌勻（folding）。

4 開始水浴法，即在焗盤加入凍水。

5 以「上下燒烤」模式用 150℃焗 60 分鐘，放爐內 5 分鐘。

— 主廚 — 蒸焗料理小秘訣

① 進行水浴法時需用凍水，水亦要夠深，容器內的水最少有 3 厘米深。

份量
1-2人
操作模式
上下燒烤
配件位置
第3層
煮食時間
32分鐘
使用配件
燒烤架

原味戚風蛋糕

所謂原味戚風蛋糕，其實是雪芳蛋糕，源於美國，是英文 Chiffon Cake 名字的譯音，特色是口感輕柔鬆軟，大家不妨試著製作。

> 主廚 Shirley Chan <

材料

低筋麵粉 ………… 110 克
油 ………… 30 克
奶 ………… 60 克
糖 ………… 70 克
蛋白 ………… 5 隻
蛋黃 ………… 5 隻

— 主廚 — 蒸焗料理小秘訣

① 將低筋麵粉和奶的部份變化一下，可變成不同款式的戚風蛋糕，例如將 5 個蛋黃減至 3 個，可令口味變得更突出。又例如，加入肉鬆的話可變成肉鬆戚風蛋糕；加入蒸熟壓碎鹹蛋黃，就是黃金戚風蛋糕了。以下是其他變化方程式：

按低筋麵粉份量變化

1 低筋麵粉 95 克及綠茶粉 15 克，即為綠茶戚風蛋糕。
2 低筋麵粉 95 克及無糖可可粉 15 克，即為朱古力戚風蛋糕。
3 低筋麵粉 95 克及黑芝麻粉 15 克，即為黑芝麻戚風蛋糕。

按奶份量變化

1 2 湯匙柚子茶加入 100 克熱水，放涼後加隔出 60 克柚子茶及剪碎柚子皮，即為柚子戚風蛋糕。
2 1 湯匙伯爵茶葉加入 80 克熱水，放涼榨出 60 克濃茶及伯爵茶葉碎，即為伯爵茶戚風蛋糕。
3 檸檬汁 30 克及奶 30 克及檸檬皮，即為檸檬戚風蛋糕。
4 橙汁 30 克及奶 30 克及橙皮，即為香橙戚風蛋糕。

步驟

1 低筋麵粉過篩，加入油、奶和蛋黃。

2 蛋白加入糖打至企身和細滑。

3 加入 1/3 蛋白霜拌勻。

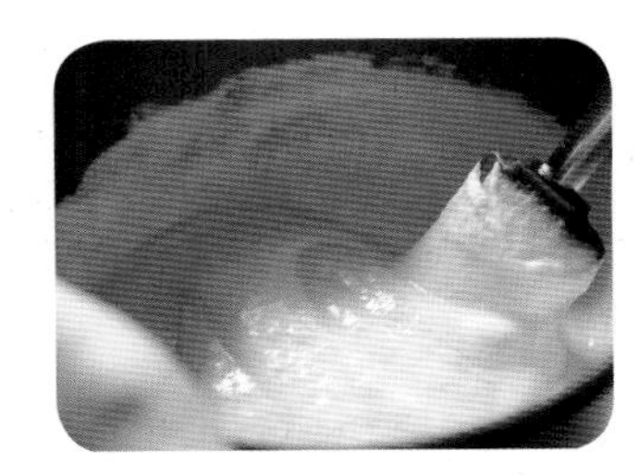

4 將奶加入其餘 2/3 蛋白霜拌勻。

5 以「上下燒烤」模式 170℃ 焗 32 分鐘（先以 180℃ 預熱）。

6 出爐後 2 小時脫模。

份量
1-2人

操作模式
上下燒烤

配件位置
第 3 層

煮食時間
30 分鐘

使用配件
燒烤架

巴斯克芝士蛋糕

> 主廚 Joanne Pang <

巴斯克芝士蛋糕 Basque Burnt Cheesecake 曾被《紐約時報》封為 2019 年度甜點，全因它芝士味濃郁、口感軟滑，以下就為大家介紹 6 吋的製作方法。

材料

忌廉芝士 …… 250 克
糖 …… 50 克
中型全蛋 …… 2 隻
淡忌廉 …… 70 克
低筋麵粉 …… 8 克

步驟

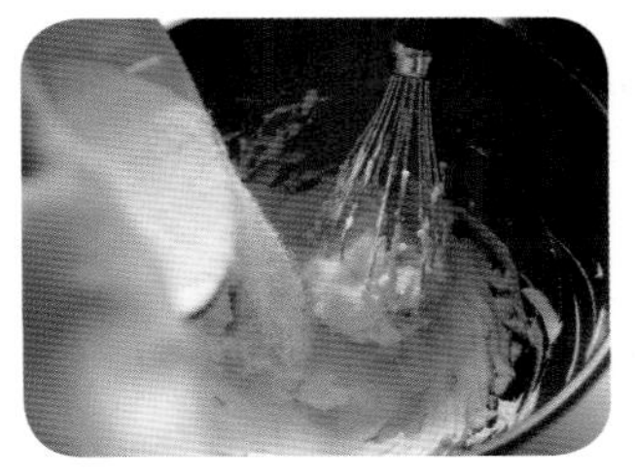

1 預熱蒸焗爐 200℃後，把忌廉芝士放軟打滑，再下糖打滑。

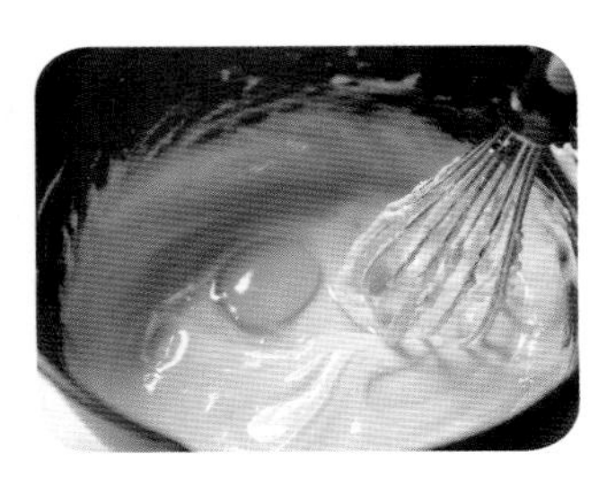

2 之後下蛋一同打勻。

3 再下淡忌廉一起打勻。

4 篩入低筋麵粉。

5 蛋糕盤鋪上牛油紙，倒入蛋糕原材料後以「上下燒烤」模式焗 30 分鐘。

6 待冷卻放入雪櫃至少 4 小時，取出即成。

— 主廚 — 蒸焗料理小秘訣

① 大家可按個人喜好，在蛋糕面鋪上水果，例如士多啤梨，並灑上糖粉。

份量
2-3人
操作模式
上下燒烤
配件位置
第 3 層
煮食時間
20 分鐘
使用配件
焗盤

麻糬曲奇

一度於韓國大熱的麻糬曲奇，以朱古力軟曲奇包裹著煙韌麻糬，以下就分享一下它的製作方式。

> 主廚 Sammi Cheng <

麻糬材料

糯米粉	50 克
粟粉	15 克
鮮牛奶	100 毫升
細砂糖	10 克
無鹽牛油	10 克

曲奇（14 塊）材料

無鹽牛油	60 克
糖粉	45 克
海鹽	1 克
全蛋	1 隻
淡忌廉	30 毫升
低筋麵粉	135 克
抹茶粉、朱古力粉	各 4 克

— 主廚 — 蒸焗料理小秘訣

① 在最後步驟焗曲奇前，大家可因應喜好，於各曲奇上加上朱古力粒。

步驟

1 先製作麻糬，除牛油外所有材料倒入大碗中，攪拌至沒有顆粒。

2 倒入碟子上，大火蒸 15 分鐘或蒸焗爐蒸 20 分鐘。

3 蒸好後趁熱加入牛油，利用刮刀拌勻，再用手把牛油與麻糬完全混合；把麻糬均勻地分成 14 份備用。

4 製作曲奇部分，將糖粉及室溫軟化的牛油，以刮刀拌勻，再用電動打蛋器將牛油打至顏色變淡。

5 加入雞蛋攪拌均勻，再加入淡忌廉，最後再篩入麵粉攪拌成糰。

6 把麵糰分成 2 份，一份加入抹茶粉拌勻，另一份加入朱古力粉。

7 曲奇麵粉放雪櫃雪 15 分鐘，再各分成 7 等份，共 14 份。

8 每份曲奇麵糰包上一份麻糬放於焗盤上。

9 包好後稍稍壓平。

10 蒸焗爐預熱，然後以「上下燒烤」模式 170℃焗 15-20 分鐘即成。

白花膠紅棗燉鮮奶

> 主廚 Lemon Lau <

花膠能夠養顏，紅棗又能補血；將兩大滋補食材配以鮮奶燉煮，甜潤又美味。

材料

白花膠	1 片
冰水	30 毫升
紅棗	3 粒
鮮奶	250 毫升
凍水	60 毫升

調味料

冰糖	1 小塊

步驟

1. 白花膠用水泡浸約 5 小時。
2. 將白花膠切成小塊，紅棗去核。
3. 將鮮奶、凍水、白花膠、紅棗及冰糖放入燉盅中，蓋上蓋子。
4. 將燉盅放入已預熱蒸焗爐，選擇「蒸氣」煮食模式，以 100℃ 蒸煮 2 小時即成。

小秘訣

① 浸發花膠做法是將原隻花膠放入蒸焗爐，選擇「蒸氣」煮食模式，以 100℃ 蒸煮 30 分鐘，再用開水浸過夜，以加快浸發花膠。

② 蒸焗爐配備特大 1.1 公升儲水箱，可連續以 100℃ 蒸煮 180 分鐘，不需中途加水，大大提升煮食靈活性。

小秘訣

① 熱風對流，即有風扇將熱力均勻送至爐腔每個角落，可用於焗製多層甜品。

藍莓忌廉芝士鬆餅

吃到美味甜品，為生活打打氣，令人感到愉悅。清新的藍莓，碰上軟滑的忌廉芝士，充滿驚喜。這道甜點的製作簡易，尤其適合新手。

> 主廚 Doris Dean <

材料

藍莓	120 克
雞蛋	2 隻
白糖	150 克
菜油	50 克
雲尼拿油	1/2 茶匙
酸忌廉	220 克
低筋麵粉	250 克
鹽	1/2 茶匙
梳打粉	1/2 茶匙
忌廉芝士	少許

步驟

1. 將藍莓洗淨，備用。
2. 先將雞蛋和白糖放進大碗內，用電動打蛋器打至淡黃色。加入菜油和雲尼拿油攪拌均勻，最後加入酸忌廉拌成蛋液。
3. 把低筋麵粉、鹽和梳打粉用濾網過篩。
4. 把已過篩的粉類加入蛋液中，再加入藍莓。
5. 將蛋液倒入鬆餅模裡，約杯的 7 成滿，加上忌廉芝士。
6. 將焗盤放入已預熱蒸焗爐，選擇「熱風對流」煮食模式，以 170℃烤焗 20 － 25 分鐘即可。

小秘訣

① 蒸焗爐內置特大 1.1 公升容量水箱，可蒸煮達 3 小時亦無需加水，是燉湯或糖水的好幫手。

Recipe 14

南棗雪蓮子桃膠鮮百合糖水

想閒時來個滋補糖水嗎？以下的食譜將所有食材一煲入爐，便已完成，非常方便。南棗是補而不燥的養生食材，平常多喝一點也不怕！

> 主廚 Resand Lau <

材料

雪蓮子 10 克
桃膠 25 克
南棗 15-20 粒
鮮百合 2-3 粒
清水 $1\frac{1}{5}$ 公升

調味料

冰糖 適量

步驟

1 雪蓮子洗淨，用水泡浸 6 小時或以上；桃膠洗淨，用水泡浸 8 小時或以上。
2 南棗洗淨，用廚房紙抹乾，用刀輕輕地切開，備用。
3 鮮百合洗淨，備用。
4 將南棗、雪蓮子和水放入大鍋內，用中小火煮至滾透。
5 將大鍋放入已預熱蒸焗爐，選擇「蒸氣」煮食模式，以 100℃ 蒸煮 60 分鐘。放入桃膠和冰糖，再蒸煮 20 分鐘；最後放入鮮百合，蒸煮 10 分鐘即可。

小秘訣

① 先用磨盅將花生磨成細粒狀，更美味香口。

懷舊撈起糖不甩

> 主廚 Connie Kwok <

糖不甩跟做湯圓有點類似，但吃起來卻不一樣！在糯米粉造成的粉糰上沾上花生碎、芝麻與黃豆粉等，滿滿的香甜口感，實在一試難忘。

花生配料

芝麻	1/4 杯
花生碎 / 杏仁細粒	1/2 杯
黃豆粉	5 湯匙
幼砂糖	3 湯匙

糖不甩材料

糯米粉	3 杯
水	2 杯
砂糖	2 湯匙
橄欖油	少許

花生配料步驟

1. 先將牛油紙放在焗盤上，放入芝麻和花生粒，鋪平。
2. 將焗盤放入已預熱蒸焗爐，選擇「熱風對流」煮食模式，以180℃烤焗約 10 分鐘；烤焗完成後，不要立即打開爐門，於爐內多燜焗 5 分鐘。
3. 將花生粒和芝麻取出，放入大碗內，再加入黃豆粉、砂糖，拌勻，製作成花生配料備用。

糖不甩步驟

1. 將糯米粉、水、砂糖放入大碗，拌勻至無粉粒狀態。
2. 粉漿倒入已掃油的焗盤上，放入已預熱蒸焗爐，選擇「蒸氣」煮食模式，以 100℃蒸煮 20 分鐘。
3. 將粉糰放入花生配料內，分開兩至三次撈勻後，再剪成細份。

小秘訣

① 以 110℃ 高溫蒸煮可有效節省蒸煮時間。

印尼九層糕

> 主廚 Rever Yeung <

聽說顏色愈豐富的食物，愈叫人胃口大開。這道糕點椰香味濃，糕身光滑柔韌，咬口軟熟，老少皆宜。

材料

粘米粉	120 克
木薯粉	240 克
椰汁	450 毫升
糖	200 克
鹽	1/2 茶匙
菜油	$1\frac{1}{2}$ 茶匙
班蘭香精	適量
石榴香精	適量

步驟

1. 將粘米粉、木薯粉、椰汁、糖、鹽和菜油用手動發蛋器輕力打至均勻。過篩 3 次，令粉漿更滑，靜置 20 分鐘。
2. 將粉漿分成 3 份，1 份加入班蘭香精，1 份加入石榴香精，1 份保留原味。
3. 每次倒入適量粉漿鋪滿食物盒底部。
4. 將每層粉漿放入已預熱蒸焗爐，選擇「蒸氣」煮食模式，以 110℃ 蒸 4 － 5 分鐘，如此類推，一層一層製作。

小秘訣

① 將麵糰放入雪櫃冷藏過夜效果更佳。
② 預先用威士忌泡浸櫻桃乾，味道更香。
③ 可於製作餡料時，加入威士忌及玉桂粉，增加蘋果批的香味。

蘋果批

蘋果批最吸引之處是厚厚的牛油批皮，內裡夾著滿瀉的餡料，蘋果的果肉香，加上肉桂香粉，正餐之間來一件，美味又飽肚。

> 主廚 Resand Lau <

批皮材料

無鹽牛油 ······ 90 克
糖 ······ 1 茶匙
鹽 ······ 3 克
中筋麵粉 ······ 180 克
蛋黃 ······ 2 隻
冰水 ······ 2 湯匙
蛋白 ······ 1 隻

餡料

紅 / 青蘋果 ··· 各 6 個
檸檬汁 ······ 1 茶匙
檸檬絲 ······ 半個
荳蔻粉 ······ 少許
黃金蔗糖 ······ 1 茶匙
合桃或杏仁片 少許
櫻桃乾 ······ 少許

步驟

1 製作批皮，將無鹽牛油、糖和鹽拌至軟身。加入中筋麵粉略拌，放入蛋黃和冰水。
2 攪拌成光滑麵糰後，用桿麵棍輕輕壓扁至方形狀。用保鮮紙包好放入雪櫃冷藏至少 1 小時。
3 取出批皮，室溫靜置 30 分鐘。然後將批皮置於 2 張牛油紙之間，擀成 5 公分厚後撕去牛油紙。
4 將批皮放入 10 吋模具中，用叉刺孔，在批皮四周塗上蛋白。放回雪櫃冷藏。
5 製作餡料，把紅蘋果和青蘋果洗淨切片，加入檸檬汁、檸檬絲、荳蔻粉和黃金蔗糖拌勻，然後以細火煮至軟身，用濾網隔走水份，待涼。
6 用桿麵棍將合桃或杏仁片略略壓碎，加入櫻桃乾；然後倒入餡料內再拌勻。
7 從雪櫃中取出批底，將餡料平均倒入批底，掃上少許蛋漿。將模具放入已預熱蒸焗爐，選擇「熱風對流」煮食模式，以 200℃烤焗 35 分鐘即可。

小秘訣

① 如不喜歡陳皮味道，可改為放桂花 5 克。陳皮正氣，桂花清香，兩者都適宜燉雪梨。

川貝陳皮燉雪梨

> 主廚 Elvina Li <

不論秋冬季節還是夏令時節，飲用川貝陳皮燉雪梨糖水都能達至滋潤的效果，四季也合宜滋補。食譜內以原隻雪梨燉煮，足料之餘，賣相也相當精緻。

材料

雪梨	1 個
陳皮	1/2 塊
川貝	5 克
冰糖	適量

步驟

1. 雪梨洗淨去皮，切去頂部，挖芯，形成小盅。
2. 將陳皮和川貝洗淨。
3. 雪梨放入燉盅內；放入陳皮、川貝、冰糖。
4. 將燉盅放入已預熱蒸焗爐，選擇「蒸氣」煮食模式，以 100℃燉煮約 60 分鐘。

小秘訣

① 製作白糖糕時，記得先準備好 10 吋圓盤。

白糖糕

> 主廚 Joanne Pang <

白糖糕是傳統酒樓點心，現在已很難難找到。幸而它製法簡單，只要有蒸焗爐便可 DIY。

材料

粘米粉 ········ 200 克
白糖 ··········· 130 克
水 ················ 420 克 + 2 湯匙
酵母 ············ 2 克
泡打粉 ········ 2 克

步驟

1. 把粘米粉和糖拌勻，逐少加水攪拌，隔水加熱煮至稠竭狀態成為麵糊，放涼。
2. 將酵母和泡打粉，加兩湯匙水拌勻，倒入麵糊後拌勻。
3. 用蒸焗爐以「發酵」模式 35℃ 發酵麵糊 2 小時。
4. 模具掃油，並倒入麵糊。
5. 以「蒸氣」模式 110℃ 蒸 20 分鐘即成。

千變萬化的蒸焗爐料理 增訂版

作者　「惠而浦蒸焗爐 X 毒梟吹水區」

責任編輯　Michael Chung
文稿校對　Samantha Fong / Helen Wong
攝影　Alvin
封面設計　Kevin. Y
內文設計　Eva

出版　研出版 In Publications Limited
市務推廣　Miu Tang
查詢　info@in-pubs.com
傳真　3568 6020
地址　香港九龍灣宏通街 2 號寶康中心 4 樓 404 室

香港發行　春華發行代理有限公司
地址　香港九龍觀塘海濱道 171 號申新證券大廈 8 樓
電話　2775 0388
傳真　2690 3898
電郵　admin@springsino.com.hk

台灣發行　永盈出版行銷有限公司
地址　台灣新北市新店區中正路499號4樓
電話　886-2-2218-0701
傳真　886-2-2218-0704

出版日期　2016 年 7 月 7 日
2022 年 6 月（第五版總十二刷）
ISBN　978-988-14772-9-3
售價　港幣 98 元 / 新台幣 430 元

鳴謝　陳麗文、盧惠珍、Sandymama@MoonmoonKitchen、木瓜廚房、Meiyin. H